Nabil A. Fouad | Torsten Richter

Leitfaden Thermo

Nabil A. Fouad | Torsten Richter

Leitfaden Thermografie im Bauwesen

Theorie, Anwendungsgebiete, praktische Umsetzung

4., überarbeitete und erweiterte Auflage

Fraunhofer IRB Verlag

Bibliografische Informationen Der Deutschen Bibliothek
Die Deutsche Bibliothek verzeichnet diese Publikation in der Deutschen Nationalbibliografie; detaillierte bibliografische Daten sind im Internet über >http://dnb.ddb.de< abrufbar.
ISBN 978-3-8167-8456-2

Layout: Georgia Zechlin
Umschlaggestaltung: Martin Kjer
Druck: Konrad Triltsch Print und digitale Medien GmbH, Johannes-Gutenberg-Straße 1-3, 97199 Ochsenfurt-Hohestadt

Für den Druck des Buches wurde chlor- und säurefreies Papier verwendet.

Fraunhofer-Informationszentrum
Raum und Bau IRB
Nobelstraße 12, 70569 Stuttgart
Telefon (0711) 970-2500
Telefax (0711) 970-2508
E-Mail: irb@irb.fraunhofer.de
http://www.baufachinformation.de

Inhalt

1 Einleitung

1.1 Einführung und Problemstellung

Gebäude in Deutschland müssen aufgrund jahreszeitlich wechselnder Außenlufttemperaturen zeitweise beheizt werden. Die Beheizung erfolgt im Regelfall während der Heizperiode zwischen Oktober und März. Dies ist erforderlich, um Nutzern bzw. Bewohnern eines Gebäudes ein hygienisches Raumklima mit ausreichend hoher Innenlufttemperatur bereitstellen zu können und um die Gebäudesubstanz zu schützen. Im Rahmen der Ressourcenschonung und Verringerung der Emissionen von Treibhausgasen steigen auch die gesetzlichen Anforderungen an den energiesparenden Wärmeschutz. Die allgemeinen Schutzziele des Wärmeschutzes lassen sich wie folgt zusammenfassen:

Ziele gesetzlicher Anforderungen an den Wärmeschutz:

- gesundes und behagliches Raumklima
- Schutz der Konstruktion vor Feuchteschäden
- Heizkostenersparnis
- Verringerung des Energieverbrauches für Beheizung und dadurch Entlastung der Umwelt.

Die Baupraxis zeigt jedoch, dass die oben definierten Anforderungen an Gebäude häufig nicht eingehalten werden und wurden. Baumängel, Fehler und Schäden sind teilweise die Folge. So wurden in dem bislang letzten, 1995 von der Bundesregierung vorgelegten dritten Bauschadensbericht [5] die vermeidbaren Schadenskosten bei Hochbauleistungen auf etwa 3,4 Milliarden Euro beziffert. Ein Großteil dieser Schadenssumme ist hierbei den unzureichende Planungs- und Ausführungsleistungen der Wärmedämm-Maßnahmen zuzurechnen.

Mit Hilfe innovativer, zerstörungsfreier und schnell einsetzbarer Mess- und Untersuchungsmethoden, wie es die Bauthermografie darstellt, wurden die Voraussetzungen geschaffen, derartige Mängel zu lokalisieren und anschließend Maßnahmen zur Beseitigung einzuleiten. Die Thermografie ist hierbei als Hilfsmittel zu verstehen; die letztendliche Beurteilung der vorgefundenen Situation ist nur mit Sachverstand und Erfahrung möglich.

Das vorliegende Buch soll in komprimierter Form vorhandene Erfahrungen zum Einsatz der passiven Thermografie im Bauwesen den Lesern näher bringen und somit einen Beitrag dazu leisten, die Möglichkeiten aber auch die realistischen Anwendungsgrenzen der Thermografietechnik aufzuzeigen.

2 Physikalische Grundlagen der Thermografie

2.1 Grundprinzip

Die Thermografie beruht auf der Tatsache, dass jeder Körper mit einer Temperatur über dem absoluten Nullpunkt (–273,15 °C) eine Eigenstrahlung aussendet. Ursächlich für dieses Phänomen ist die in jedem Körper vorhandene innere mechanische Molekülbewegung. Die Intensität der Molekülbewegung hängt hierbei von der Temperatur des Körpers ab. Da gleichbedeutend mit Molekülbewegungen auch Ladungsbewegungen auftreten, sendet der Körper Energie in Form elektromagnetischer Strahlung aus. Diese Strahlung bewegt sich mit Lichtgeschwindigkeit und gehorcht den optischen Gesetzen. So lässt sich diese Strahlung umlenken, mit Linsensystemen bündeln oder an spiegelnden Flächen reflektieren. Für das menschliche Auge ist die Wärmestrahlung nicht sichtbar und wird dem infraroten[1] Wellenlängenbereich zugeordnet (Abbildung 2-1). Die infrarote Strahlung erstreckt sich in einem Wellenlängenbereich von λ = 0,78 µm bis etwa 1000 µm, wobei aus noch zu erläuternden Gründen für die Bauthermografie der Wellenlängenbereich von λ = 3 µm bis 5 µm und hauptsächlich λ = 8 µm bis 14 µm interessant ist.

Die Wärmebildtechnik stellt sich die Aufgabe, die Intensität der abgestrahlten Eigenstrahlung zu messen und daraus die Temperatur der aussendenden (thermografierten) Oberfläche bzw. des Körpers berührungsfrei zu ermitteln.

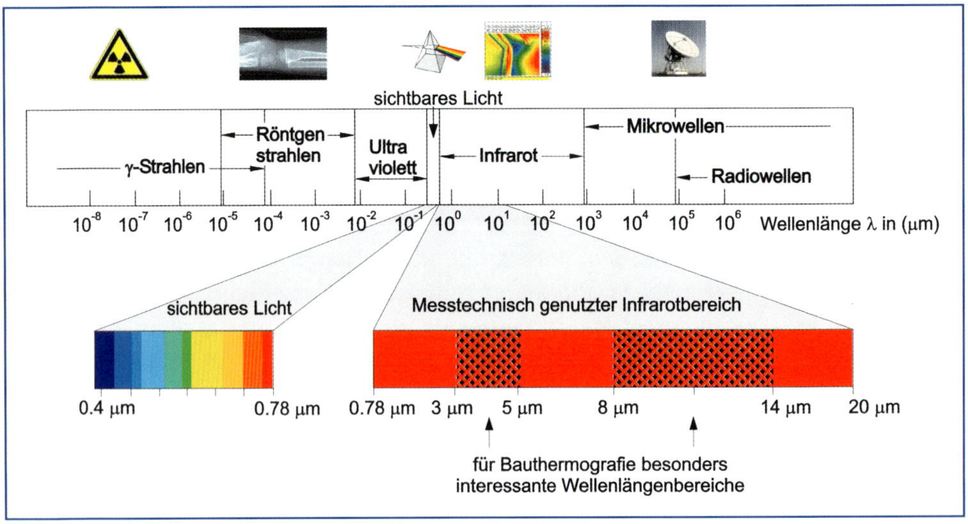

Abbildung 2-1 Elektromagnetisches Spektrum

[1] infra: lateinisch für »unterhalb, unter«, infrarot zeigt an, dass das infrarote Licht sich optisch unter dem roten Licht befindet. Die Bezeichnung bezieht sich nicht auf die Wellenlänge, diese ist gegenüber dem sichtbaren Licht höher.

Da die Thermografie eng mit radiometrischen Zusammenhängen verknüpft ist, werden im Folgenden wichtige Strahlungsgesetzmäßigkeiten erläutert.

2.1.1 Strahlungsgesetze des schwarzen Körpers

Um die physikalischen Strahlungsgesetzmäßigkeiten eines realen Körpers zu verstehen, hat es sich bewährt, zunächst die Gesetze an einem idealen Strahlungskörper darzustellen. Ein derartiger Körper wird in der Physik als Schwarzer Strahler bezeichnet und ist dadurch gekennzeichnet, dass er von allen Körpern mit gleicher Temperatur die größtmögliche Intensität der abgegebenen Strahlung besitzt.

Als praktische Realisierung eines idealen schwarzen Körpers (= Schwarzer Strahler) kann man sich einen rußgeschwärzten, kugelförmigen Hohlraum mit einer kleinen zylindrischen Öffnung vorstellen. Der mit infrarotstrahlungsundurchlässigen Wandungen ausgeführte Körper befindet sich im thermischen Gleichgewicht, das heißt die Temperatur der Wandungen sei konstant und ändert sich nicht mit der Zeit. Der Strahlungsaustausch mit der Umwelt erfolgt somit nur über die kleine Wandöffnung. Da sich die Temperatur des schwarzen Körpers per Definition nicht ändern soll, muss die von außen einfallende und von der rußgeschwärzten Innenfläche aufgenommene (absorbierte) Strahlung gleich der abgegebenen (emittierten) Strahlung sein.

Nach den von Stefan und Boltzmann 1879 bzw. 1884 formulierten Gesetzen hängt die über die Wandöffnung vom schwarzen Körper ausgehende spezifische Ausstrahlung M nur von der Innentemperatur des schwarzen Körpers ab und berechnet sich zu:

$$M\,[W/m^2] = \sigma \cdot T^4 = C_S \cdot (T/100)^4 \qquad [1]$$

mit: σ Stefan-Boltzmann-Konstante = $5{,}67 \cdot 10^{-8}$ W/(m²K⁴)

C_S Strahlungskoeffizient des schwarzen Körpers = 5,67 W/(m^2K^4)

T absolute Temperatur T [K] = 273,15 + θ [°C]

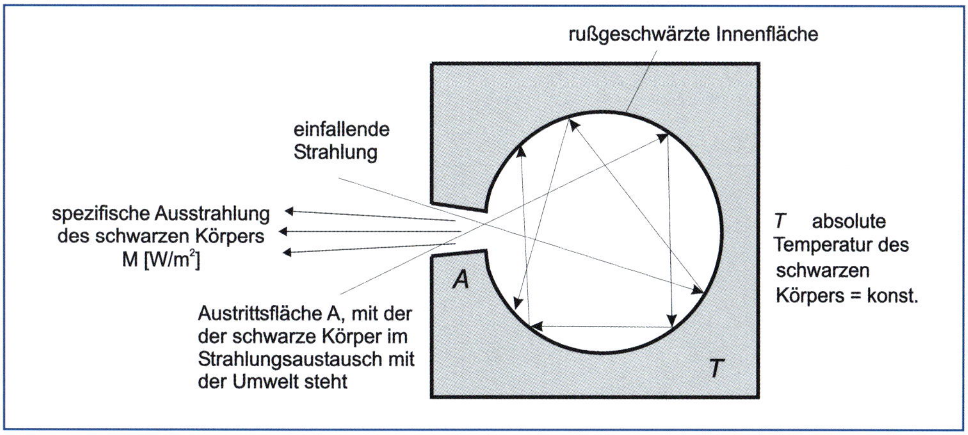

Abbildung 2-2 Modellvorstellung eines schwarzen Körpers

Die in Gleichung [1] beschriebene spezifische Ausstrahlung M gibt die über das gesamte Wellenlängenspektrum aufsummierte Energiemenge wieder. Interessant ist daher die Verteilung der Schwarzkörperstrahlung über die Wellenlänge. Dieser Zusammenhang zwischen der Objekttemperatur des schwarzen Körpers und der spezifischen Ausstrahlung in Abhängigkeit von der Wellenlänge λ wird durch das von Max Planck im Jahr 1900 abgeleitete »Plancksche Strahlungsgesetz« beschrieben und ist hier als spektrale spezifische Ausstrahlung dargestellt:

$$M_\lambda [W/(cm^2 \cdot \mu m)] = \frac{c_1}{\lambda^5} \cdot \frac{1}{\exp\left(\frac{c_2}{\lambda \cdot T}\right) - 1} \qquad [2]$$

mit: c_1 1. Strahlungskonstante = $3{,}7418 \cdot 10^4\ W \cdot cm^{-2} \cdot \mu m^4$

c_2 2. Strahlungskonstante = $1{,}4388 \cdot 10^4\ K \cdot \mu m$

T absolute Temperatur T [K] = 273,15 + θ [°C]

λ Wellenlänge [μm]

Das Plancksche Strahlungsgesetz ist in Abbildung 2-3 für verschiedene absolute Strahlungstemperaturen dargestellt, zudem ist im Diagramm der für Menschen sichtbare Wellenbereich gekennzeichnet. Man erkennt, dass nur heiße Körper in einem Wellenlängenbereich strahlen, der für Menschen sichtbar ist.

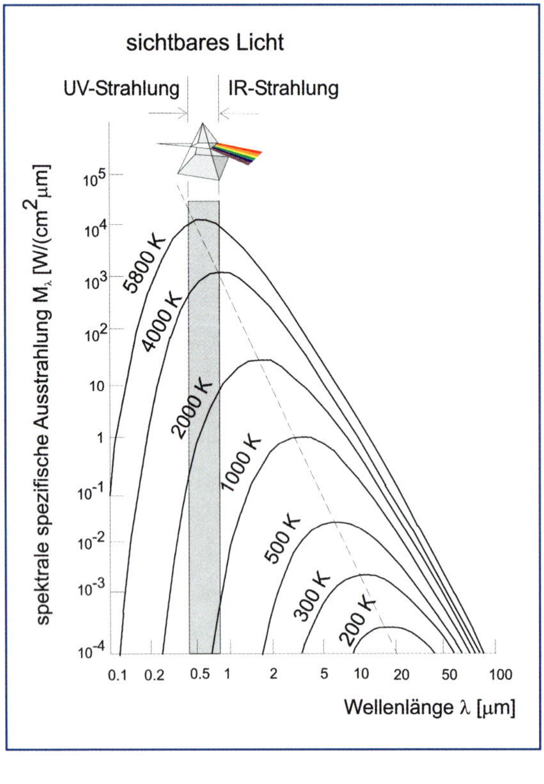

Abbildung 2-3 Plancksches Strahlungsgesetz – Charakteristik eines schwarzen Strahlers in Abhängigkeit der Temperatur und Wellenlänge, der hinterlegte Bereich kennzeichnet den für Menschen sichtbaren Bereich.

Nach dem Planckschen Strahlungsgesetz berechnen sich Kurven gleicher Form, die sich jedoch nicht schneiden. Die Flächen unter den Kurven geben die gesamte Energiemenge an, die ein schwarzer Strahler bei einer bestimmten Temperatur abgibt. Wird die Gleichung [2] über die Wellenlänge integriert, so erhält man das bereits in Gleichung [1] angegebene Stefan-Boltzmann-Gesetz.

$$M = \sigma \cdot T^4 = \int_{\lambda_1}^{\lambda_2} M_\lambda d\lambda \qquad [3]$$

Weiterhin ist in der Abbildung 2-3 zu erkennen, dass sich das spezifische Strahlungsmaximum (gestrichelte Linie) mit steigender Absoluttemperatur zu immer kürzeren Wellenlängen verschiebt. Die Lage der spezifischen Ausstrahlungsmaxima - die Wellenlänge bei der ein Körper die größte Ausstrahlung aufweist - kann mit dem Wienschen Verschiebungsgesetz berechnet werden:

$$\lambda_{max} = \frac{2898\ K \cdot \mu m}{T} \qquad [4]$$

mit: λ_{max} Wellenlänge, bei der das Ausstrahlungsmaximum erreicht ist [μm]

T absolute Temperatur T [K] = 273,15 + θ [°C]

In der Tabelle 2-1 sind für einige typische Strahlungstemperaturen die Ausstrahlungsmaxima mit dem Wienschen Verschiebungsgesetz berechnet.

Tabelle 2-1 Spezifische Strahlungsmaxima in Abhängigkeit von der absoluten Strahlungstemperatur

Körper	absolute Temperatur [K]	Wellenlänge λ_{max} mit größter spezifischer Ausstrahlung [μm]
Oberflächentemperatur Sonne	5800	0,50
Eisen, hell glühend	1200	2,42
Wasser am Siedepunkt, 100 °C	373	7,77
Körpertemperatur, 37 °C	310	9,35
Außenwand (Innenseite), 17 °C	290	9,99
Gefriertemperatur von Wasser, 0 °C	273	10,62
Außenwand, -5 °C	268	10,81

Die Verteilung der in Abbildung 2-3 gezeigten spezifischen Ausstrahlung kann berechnet werden und ist in Abhängigkeit vom Strahldichtemaximum (Gleichung [4]) in Tabelle 2-2 aufgezeigt:

Tabelle 2-2 Anteile an der Gesamtstrahlung in Abhängigkeit des Ausstrahlungsmaximums λ_{max}, zur Berechnung vgl. [29]

Wellenlängenbereich [μm]	gerundeter Anteil an der Gesamtstrahlung [%]
0 bis 0,5 · λmax	1
0 bis 0,7 · λmax	5
0 bis 0,8 · λmax	10
0 bis 0,9 · λmax	20
0 bis 1,0 · λmax	25
0 bis 1,1 · λmax	30
0 bis 1,2 · λmax	40
0 bis 1,4 · max	50
0 bis 1,7 · λmax	60
0 bis 1,9 · λmax	70
0 bis 2,4 · λmax	80
0 bis 3,3 · λmax	90
0 bis 4,3 · λmax	95

Erläuterung zur Tabelle 2-2

Das Strahldichtemaximum einer etwa 17 °C (290 K) warmen Wandoberfläche beträgt $\lambda_{max} \approx 10$ μm (vgl. Tabelle 2-1). Das für die Erstellung der Thermogramme in Kapitel 7 und 8 hauptsächlich verwendete IR-Kamera System besitzt einen Empfängerdetektor, der nur im Bereich von 8 μm bis 14 μm IR-Strahlung verarbeiten kann. Im Spektralbereich von 0 bis $0{,}8 \cdot \lambda_{max}$ (also von 0 bis 8 μm) werden etwa 10 % und im Spektralbereich von 0 bis $1{,}4 \cdot \lambda_{max}$ (also von 0 bis 14 μm) etwa 50 % der Gesamtstrahlung ausgesendet. Dem Detektor der oben genannten IR-Kamera steht daher ein Angebot von etwa 50 % - 10 % = 40 % der ausgesendeten Gesamtstrahlung zur Verfügung.

Zum Verständnis der obigen Aussagen noch drei Erläuterungen:

- Wenn Stahl erwärmt wird, kann ab etwa 650 °C (923 K) ein dunkelrotes Glühen des Stahls wahrgenommen werden. Ab derartigen Temperaturen erreicht ein Teil der Strahlungscharakteristik den für Menschen sichtbaren Bereich. Das Strahlungsmaximum liegt aber nicht im sichtbaren Bereich vor, sondern nach dem Wienschen Verschiebungsgesetz bei etwa 3,1 μm. Dieser Bereich liegt im infraroten Bereich.
- Aufgrund der sehr hohen Oberflächentemperatur der Sonne ($T \approx 5800$ K) wird sehr viel Strahlung ausgesandt. Das Ausstrahlungsmaximum liegt in dem für Menschen sichtbaren Bereich. Die Sonnenstrahlung wird daher vom Menschen besonders gut wahrgenommen.
- In der Bauthermografie ist im Allgemeinen von einem üblichen Temperaturbereich von −20 °C bis +20 °C auszugehen. Das Ausstrahlungsmaximum liegt in einem Bereich von etwa 9,8 μm bis 11,4 μm. Dieser Bereich liegt im infraroten Bereich. Zur

Ausnutzung des Strahlungsmaximums weist die Hardware für die Bauthermografie (IR-Kamera) in diesem Bereich eine gute Detektivität auf.

2.1.2 Strahlungsgesetze realer Körper

Wenn elektromagnetische Strahlung auf einen realen Körper auftrifft, werden Strahlungsanteile absorbiert (in Wärme umgesetzt) oder reflektiert (in den Raum zurückgeworfen). Bei durchlässigen Körpern kann ein Teil auch transmittieren (durchgelassen werden). Der Betrag der absorbierten, reflektierten bzw. transmittierten Strahlung hängt von den jeweiligen Stoffkenngrößen des Körpers und von der Wellenlänge der auftreffenden Strahlung ab. Für die Energiebilanz gilt:

Einfallende Strahlung: $M = A + R + T$ [5]

mit: M einfallende (auftreffende) Strahlung
A absorbierte Strahlung
R reflektierte Strahlung
T durchgehende (transmittierte) Strahlung

Aus

$$M = A + R + T \qquad | : M$$

folgt

$$1 = \frac{A}{M} + \frac{R}{M} + \frac{T}{M} = \alpha(\lambda) + \rho(\lambda) + \tau(\lambda) = 1 \qquad [6]$$

mit: α Absorptionsgrad, Funktion der Wellenlänge
ρ Reflexionsgrad, Funktion der Wellenlänge
τ Transmissionsgrad des Körpers, Funktion der Wellenlänge

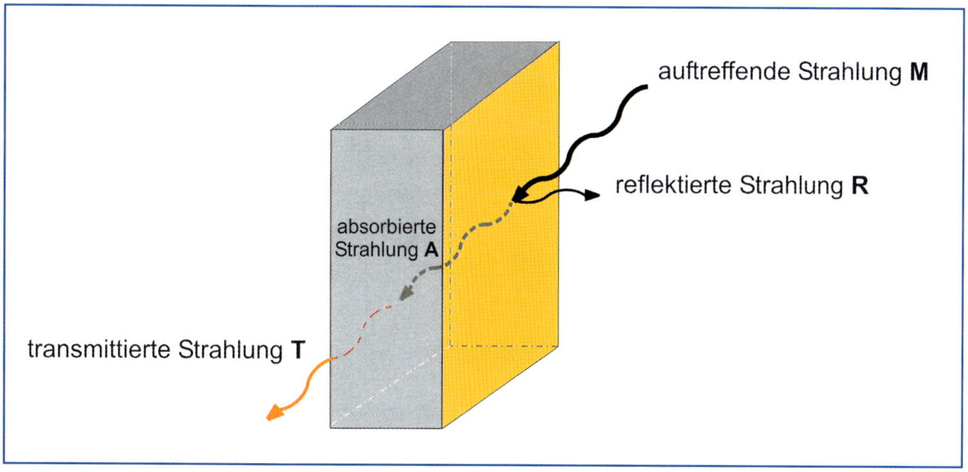

Abbildung 2-4 Mögliche Aufteilung der auf einen realen Körper auftreffenden Strahlung

Als idealisierte Grenzfälle gelten:

Tabelle 2-3 Idealisierte Grenzfälle von Strahlungskörpern

Grenzfall	Beschreibung	Kennwerte
idealer schwarzer Körper (nichttransparenter Körper)	auftreffende Strahlung wird vollständig absorbiert	Absorptionsgrad $\alpha = 1$ Reflexionsgrad $\rho = 0$ Transmissionsgrad $\tau = 0$
idealer Spiegel (nichttransparenter Körper)	auftreffende Strahlung wird vollständig reflektiert	Absorptionsgrad $\alpha = 0$ Reflexionsgrad $\rho = 1$ Transmissionsgrad $\tau = 0$
ideales Fenster (transparenter Körper)	auftreffende Strahlung wird vollständig hindurchgelassen	Absorptionsgrad $\alpha = 0$ Reflexionsgrad $\rho = 0$ Transmissionsgrad $\tau = 1$

Im vorherigen Abschnitt wurden die Strahlungseigenschaften des schwarzen Körpers behandelt. Dieser zeichnet sich durch die vollständige Absorption der auftreffenden Strahlung aus. Nach dem Kirchhoffschen Strahlungsgesetz strahlt (emittiert) dieser Körper im thermischen Gleichgewicht – da er ja per Definition nicht wärmer werden soll – auch genauso viel Strahlung wieder aus.

Reale Körper emittieren jedoch immer weniger Strahlung als der schwarze Körper. Die Verbindung zwischen dem Modell des schwarzen Körpers und den realen Gegenständen wird über das Kirchhoffsche Strahlungsgesetz hergestellt. Dies besagt, dass das Ausstrahlungsvermögen = Emissionsvermögen eines beliebigen Körpers sich zum Emissionsvermögen des schwarzen Strahlers wie die entsprechenden Absorptionszahlen verhält.

Es gilt:

$$\varepsilon\,(\lambda, T) = \frac{M_{real}}{M_{schw.\ Körper}} = \frac{\alpha}{\alpha_s} \qquad [7]$$

mit: ε Emissionsgrad eines realen Körpers

M_{real} Strahlungsemission eines realen Körpers

$M_{schw.Körper}$ Strahlungsemission des schwarzen Körpers (Strahlers)

α Absorptionsgrad eines realen Körpers

α_s Absorptionsgrad des schwarzen Strahlers

Wegen $\alpha_s = 1$ (vgl. Tabelle 2-3) folgt:

$$\varepsilon = \alpha \qquad [8]$$

Dies bedeutet: Nach dem Kirchhoffschen Gesetz ist für einen Körper im thermischen Gleichgewicht der Absorptionsgrad α (λ) gleich dem Emissionsgrad ε (λ), wobei die absolute Größe des Absorptions- bzw. Emissionsgrades vom vorliegenden Wellenlängenbereich abhängig ist. Zudem ist ein Einfluss folgender Parameter möglich:

- Rautiefe der Oberfläche
- Materialzusammensetzung
- Temperatur
- Winkel zur Flächennormalen (Abstrahlwinkel).

Für die Gleichung [6] kann auch geschrieben werden:

$$\varepsilon(\lambda) + \rho(\lambda) + \tau(\lambda) = 1 \qquad [9]$$

mit: ε Emissionsgrad, Funktion der Wellenlänge
ρ Reflexionsgrad, Funktion der Wellenlänge
τ Transmissionsgrad des Körpers, Funktion der Wellenlänge

Eine Zusammenstellung der Emissionsgrade ε in Abhängigkeit der Wellenlänge zeigt die Abbildung 2-5.

Für die Sonderfälle schwarzer Strahler ist der Emissionsgrad $\varepsilon = 1$, bei einem idealen Spiegel und einem idealen Fenster gelten $\varepsilon = 0$ (vgl. hierzu auch Tabelle 2-3). Ist der Emissionsgrad über einen Wellenlängenbereich konstant, spricht man von einem grauen Strahler. Verändert sich der Emissionsgrad sehr stark über die Wellenlänge, spricht man von selektiven Strahlern.

Infolge der unterschiedlichen Emissivitäten ändert sich natürlich auch die Plancksche Strahlungskurve (spezifische Ausstrahlung) der realen Körper (vgl. Abbildung 2-6). Es gilt:

$$M = \int_{\lambda_1}^{\lambda_2} \varepsilon \cdot M_\lambda \, d\lambda \qquad [10]$$

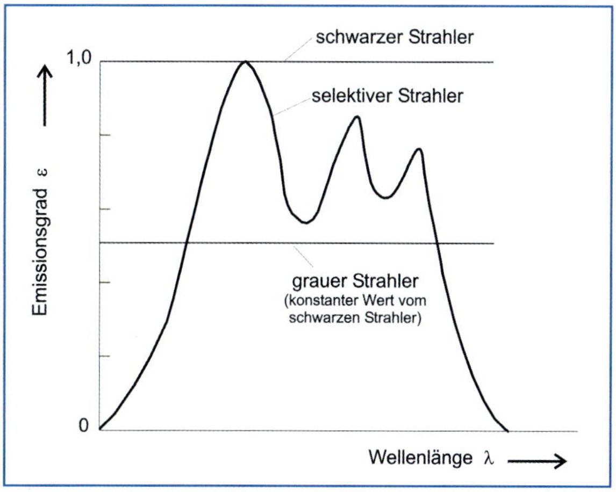

Abbildung 2-5 Abhängigkeit des Emissionsgrades von der Wellenlänge

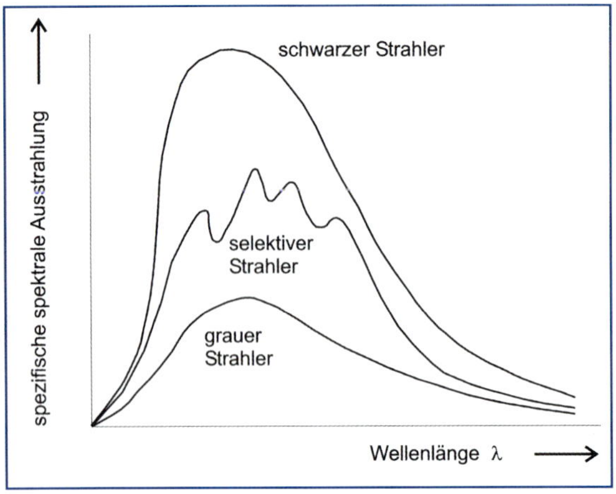

Abbildung 2-6 Charakteristische Abhängigkeit der spezifischen Ausstrahlung vom Emissionsgrad

Emissionsgrade realer Oberflächen

Eine Vielzahl nichtmetallischer, nichtblanker Stoffe weisen in einem für die Bauthermografie interessanten Wellenlängenbereich der langwelligen Wärmestrahlung einen sehr hohen (ε = 0,80 - 0,95) und nahezu konstanten Emissionsgrad auf. Diese Stoffe können in dem für die Bauthermografie interessanten Wellenlängenbereich näherungsweise als so genannte graue Strahler angesehen werden, die Farbe des Körpers spielt hierbei keine Rolle (vgl. Abbildung 2-7).

Bei Metallen, insbesondere mit polierten bzw. glänzenden Oberflächen, wird die Strahlung in dem genannten Wellenlängenbereich stark reflektiert, sodass sich sehr geringe Absorptions- bzw. Emissionsgrade ergeben. Diese Stoffe, wie z. B. Silber oder Gold, aber auch poliertes Aluminium, eigenen sich daher besonders gut als Spiegelmaterial.

Die allgemeinen Zusammenhänge des Verlaufes der Emissionsgrade verschiedener Stoffe zeigt die Abbildung 2-7.

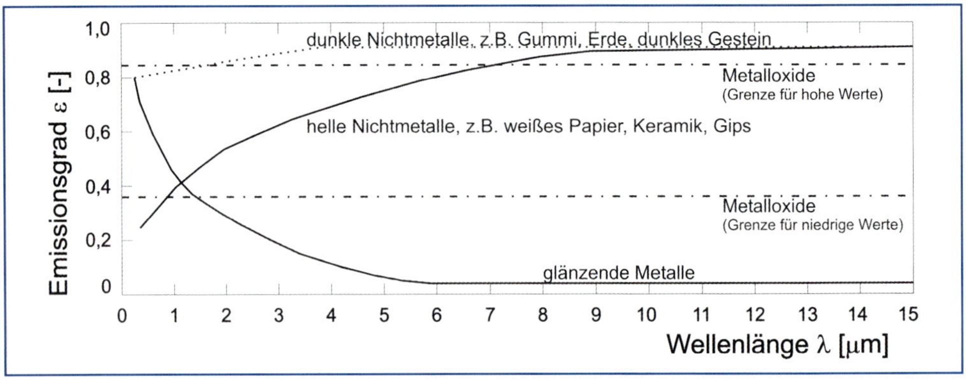

Abbildung 2-7 Emissionsgrade verschiedener Stoffe bei Raumtemperatur in Abhängigkeit von der Wellenlänge, nähere Angaben siehe [41]

Mit Kenntnis der Zusammenhänge in Abbildung 2-7 ist es verständlich, dass es beispielsweise unerheblich ist, ob ein etwa 40 °C bis 70 °C warmer Heizkörper »weiß« oder »schwarz« gestrichen ist, da die Temperaturstrahlung vorwiegend im Bereich langer Wellenlängen (> 8 μm) ausgestrahlt wird. In diesem Wellenlängenbereich unterscheiden sich die hellen und dunklen Nichtmetalle bezüglich ihres Emissionsverhaltens kaum.

Emissionsgrade werden meist experimentell bestimmt und sind grob überschlägig Tafelwerken (z. B. in [25] oder [39]) in Abhängigkeit von Temperatur bzw. vom Wellenlängenbereich zu entnehmen. Zudem sind die Emissionsgrade auf den Wellenlängenbereich des eingesetzten Detektors der IR-Kamera abzustimmen. Hier eine Auswahl von Emissionsgraden mit Angabe des Geltungsbereichs:

Tabelle 2-4 Emissionsgrade verschiedener Oberflächen

Stoffe und Zustand der Oberfläche (im Allgemeinen für Temperaturen im baupraktischen Bereich von etwa – 10 °C bis 100 °C), Wellenlängenbereich von λ = 8 – 14 μm	Emissionsgrad ε
Metalle, hochglanzpoliert Aluminum poliert	0,04 - 0,06
Silber poliert	0,02 - 0,05
Metalle im technischen Zustand Aluminium, roh	0,06 - 0,07
Aluminium, blank	0,02 - 0,15
Aluminium, stark oxidiert	0,6 - 0,8
Eisen, Stahl, ganz verrostet	0,6 - 0,8
Eisen, Stahl, verzinkt	0,2 - 0,3
Kupfer, oxidiert	0,2 - 0,7
Messing, poliert	0,2 - 0,3
Anstriche Aluminiumlack	0,1 - 0,15
Emaillelack, schneeweiß	0,7 - 0,90
Verschiedene Stoffe Beton	0,90 - 0,95
Wasser, Schnee, Eis	0,80 - 0,95
Glas, glatt	0,80 - 0,95
Marmor, hellgrau, poliert	0,90 - 0,95
menschliche Haut	0,95 - 0,98
Steine, Erde	0,60 - 0,95
Holz	0,90 - 0,95
Stoffe	0,75 - 0,95
Papier	0,70 - 0,95

An dieser Stelle soll nochmals darauf hingewiesen werden, dass nur bei Körpern, die sich im thermischen Gleichgewicht befinden, der Emissionsgrad gleich dem Absorptionsgrad ist. So empfängt ein Körper aus »Backstein« langwellige Wärmestrahlung von einer etwa 20 °C warmen Strahlungsquelle mit einem Absorptionsgrad von $\alpha \approx 0{,}95$ und sendet, da er auch etwa 20 °C warm ist, Wärmestrahlung mit einem Emissionsgrad von $\varepsilon \approx 0{,}95$ aus.

Trifft jedoch auf den angenommenen etwa 20 °C warmen Körper »Backstein« kurzwellige Sonnenstrahlung (Strahlungstemperatur ca. 5800 °C) wird die Strahlung mit einem Absorptionsgrad (kurzwelligen Emissionsgrad) $\alpha \approx 0{,}50$ aufgenommen. Die Temperatur des Körpers aus Backstein wird sich durch die Sonneneinstrahlung um einige Kelvin auf z. B. 25 °C erhöhen. Der Backstein wird aufgrund dieser relativ geringen Temperatur nur langwellige Wärmestrahlung mit einem Emissionsgrad von $\varepsilon \approx 0{,}95$ ausstrahlen (vgl. Tabelle 2-5 und Abbildung 2-7).

Tabelle 2-5 Emissionsgrade verschiedener Oberflächen in Abhängigkeit von der Strahlungs-Wellenlänge

	langwellige Wärmestrahlung (ausgestrahlt von Körpern mit ≈ 20 °C) Emissionsgrad ε = Absorptionsgrad α	**Sonnenstrahlung = kurzwellige Wärmestrahlung** (ausgestrahlt von Körpern mit ≈ 5500 °C) Emissionsgrad ε = Absorptionsgrad α
Backstein	ca. 0,95	ca. 0,50
Beton glatt	ca. 0,95	ca. 0,50
Fensterglas	ca. 0,90	0,04 bis 0,40 (je nach Durchlässigkeit)

Die Wirkungen verschiedener Emissionsgrade können eindrucksvoll mit dem vom Physiker John Lesli 1804 entwickelten Lesli-Würfel gezeigt werden. Dieser Würfel ist als Hohlkörper aus Messing gebaut, der vollständig mit heißem Wasser gefüllt werden kann und so an allen Wandflächen gleichmäßige Temperaturen aufweist. Die vier Seitenflächen des Würfels sind aus unterschiedlichen Beschichtungen mit jeweils verschiedenen Emissionsgraden (metallisch matt, metallisch blank, weiß lackiert, schwarz lackiert) ausgeführt.

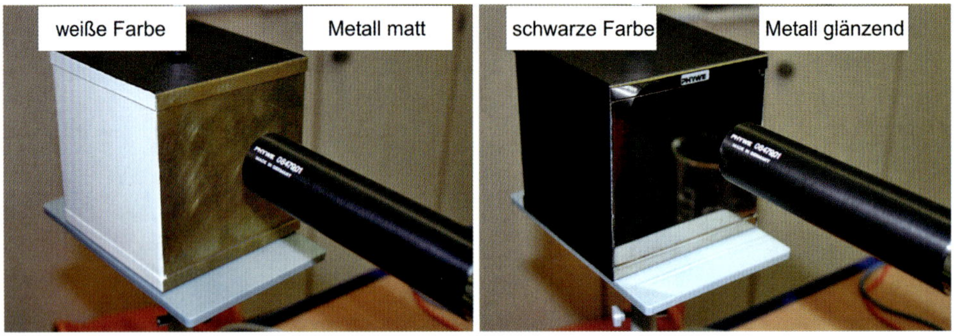

Abbildung 2-8 Lesli-Würfel mit Beschreibung der Oberflächeneigenschaften, Würfel ist mit ca. 50 °C heißem Wasser gefüllt, die Wandungsflächen des Würfels besitzen die gleichen Oberflächentemperaturen.

Thermogramme werden im Regelfall mit einem für das ganze Bild gültigen Emissionsgrad aufgenommen (hier z. B. $\varepsilon = 0{,}98$). Während für die schwarz (und weiß) lackierte Oberfläche dieser Emissionsgrad zutreffend ist und die Temperatur richtig wiedergegeben wird, weisen metallisch glänzende Oberflächen einen viel kleineren Emissionsgrad auf. Physikalisch gesehen strahlt eine metallisch glänzende Oberfläche bedeutend weniger Wärme ab - genau dies wird auch mit dem Emissionsgrad (vgl. Gleichung [3]) ausgedrückt.

Die Temperatur, die auch auf der metallisch glänzenden Seite ca. $\theta \approx 48$ °C beträgt, wird mit dem eingestellten zu hohen Emissionsgrad grundlegend falsch bestimmt (vgl. Abbildung 2-9).

Aufnahmedatum	Temperaturrandbedingungen		weitere Informationen
	Außenlufttemperatur	Innenlufttemperatur	
07.01.2008	ca. 22 °C (Innenraum)	ca. 48 °C (Temperatur im Inneren des Würfels)	Das heiße Wasser ist bis etwa 1 cm unter dem Deckel gefüllt (daher ist der Deckel kühler)

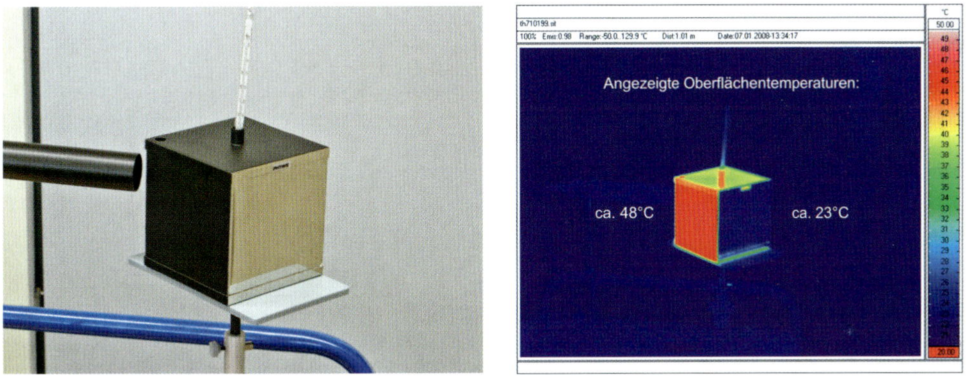

Abbildung 2-9 Thermogramm eines Lesli-Würfels mit global eingestelltem Emissionsgrad zur Darstellung der Wirkung verschiedener tatsächlicher Emissionsgrade der Oberflächen im Thermogramm. Die Oberflächen des Würfels sind tatsächlich gleichmäßig ca. 48 °C warm, die rechte Seite des Würfels wird durch den falsch eingestellten Emissionsgrad deutlich zu niedrig angezeigt.

Bei der Bauthermografie können insbesondere bei metallischen Einbau- bzw. Anbauteilen oder Beschichtungen von Fenstern emissionsgradbedingte Fehlmessungen auftreten. Folgendes Thermogramm soll dies verdeutlichen: An einer Heizungszuleitung wurde im Thermogramm ein deutlich kühlerer Bereich vorgefunden. Der Temperaturunterschied ist in der Realität gar nicht vorhanden, vielmehr ist für den blanken Rohrbereich die globale Emissionsgradeinstellung nicht zutreffend (vgl. Abbildung 2-10).

Neben der vom Objekt selbst ausgestrahlten (emittierten) IR-Strahlung tritt bei einigen Oberflächen auch eine gerichtete (spiegelnde) Reflexion auf. Da die IR-Strahlung auch den Gesetzen der Optik gehorcht, wird bei sehr glatten (gegenüber der Wellenlänge bei kleinen Rauigkeitsstrukturen) und ebenen Oberflächen die Umgebungsstrahlung im Thermogramm gerichtet reflektiert.

Aufnahme-datum	Temperaturrandbedingungen		weitere Informationen
	Außenluft-temperatur	Innenluft-temperatur	
02.07.2009	./.	ca. 20 °C	./.

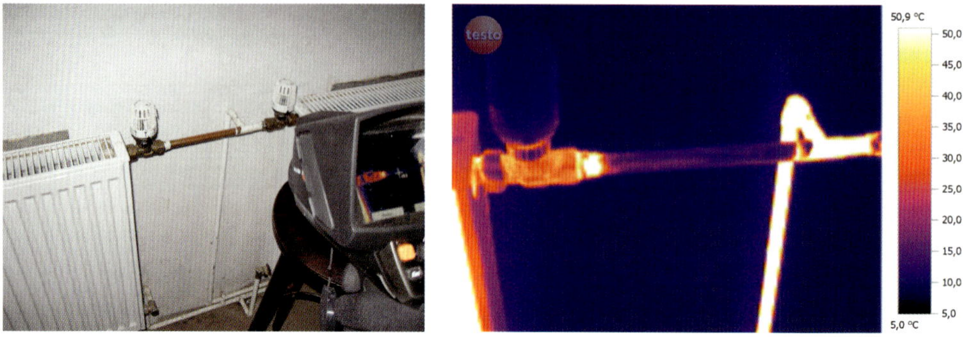

Abbildung 2-10 Thermogramm einer Heizungszuleitung. Unter Ansatz eines globalen Emissionsgrades wird die Temperatur am Rohr mit real unterschiedlichen Emissionsgraden (blank und weiß gestrichen) nicht richtig wiedergegeben.

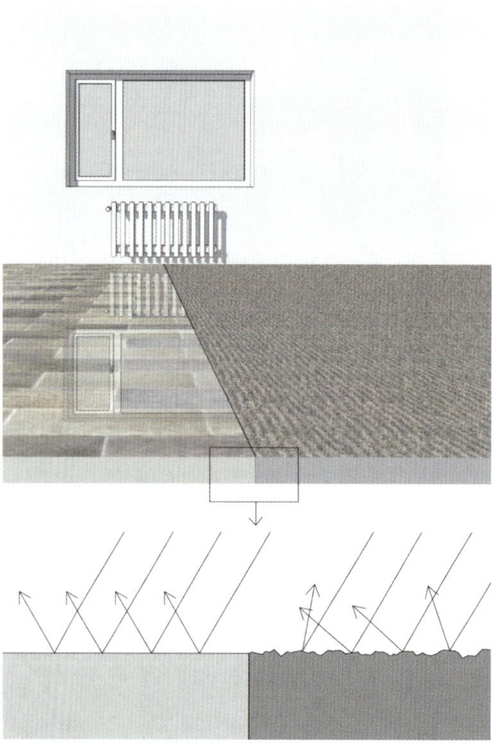

Abbildung 2-11 Erläuterung der gerichteten Reflexion: Auf der linken Seite führt die gerichtete Reflexion auf dem glatten Boden zu einer Bildgebung auf der Oberfläche, auf der rechten Seite reflektiert die Strahlung diffus in alle Richtungen, eine Projektion des Bildes erfolgt nicht.

Anstatt nur die emittierte Strahlung des Messobjektes zu messen, wird vielmehr die Temperatur des gespiegelten Objektes ausgewertet. Dieser Effekt tritt zum Beispiel bei Fensterflächen oder vergleichbaren glatten Fliesenbelägen auf (vgl. Abbildung 2-12 und Abbildung 2-13). Bei von außen thermografierten Fensterflächen sieht man insbesondere bei einer schräg von unten gerichteten Aufnahmenposition der IR-Kamera den reflektierten Himmel. Ist der Himmel klar und damit kalt, fällt dies im Thermogramm besonders auf. Bei Innenaufnahmen sind ebenfalls häufig gerichtete Reflexionen zu beobachten, häufig sind dies reflektierte Strahlungen auf glatten Böden. Bei von innen thermografierten Fenstern sieht sich der Thermograf oft selbst bei den Aufnahmen im Spiegelbild. Durch die Eigenarten der Infrarotstrahlung können gerichtete Reflexionen auch bei - im sichtbaren Licht - nicht spiegelnden Oberflächen auftreten (vgl. Abbildung 2-13).

Die Reflexionen sind im Regelfall gut zu erkennen bzw. zu eliminieren, wenn das Objekt aus verschiedenen Richtungen und Winkeln thermografiert wird und bei Ortsveränderung des Thermografen »wandernde Schatten bzw. Hotspots« beobachtet werden. Eine Thermografie mit Reflexionseinfluss ist hierdurch bereits während der Aufnahme leicht zu erkennen, im Nachgang fällt die Identifikation durchaus schwerer.

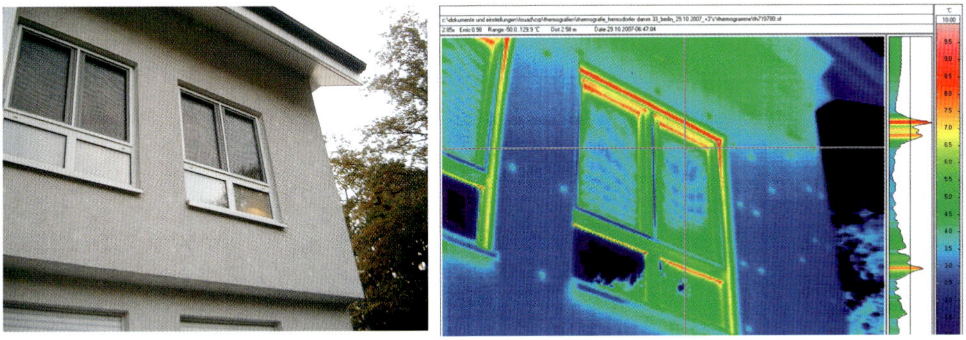

Abbildung 2-12 Spiegelnde Reflexion an einem Fenster. Das Thermogramm zeigt nicht die wahre Oberflächentemperatur der Scheibe sondern eher die Temperatur der Atmosphäre.

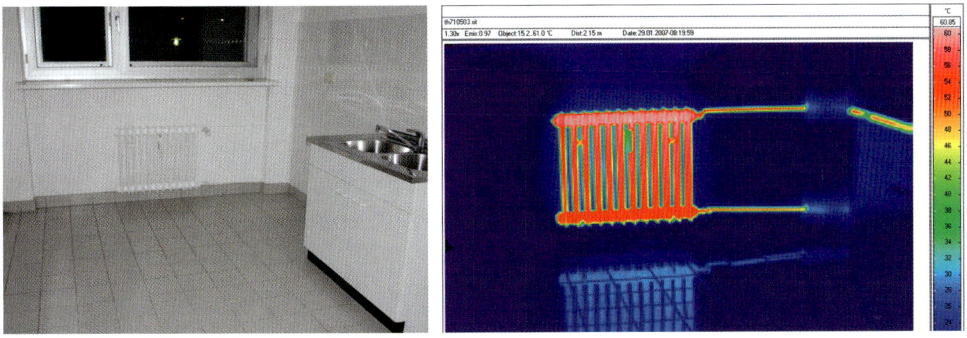

Abbildung 2-13 Spiegelnde Reflexion eines heißen Heizkörpers auf den Fliesen. Spiegelnde Reflexionen können - wie hier sichtbar - auch bei hoch emittierenden Flächen auftreten, entscheidend ist nur die Oberflächenbeschaffenheit des Materials.

Abhängigkeit des Emissionsgrades von der Beobachtungsrichtung

Die in den Nachschlagewerken angegebenen Emissionsgrade sind im Regelfall für eine frontale (senkrechte) Betrachtung angegeben. Verändert sich der Betrachtungswinkel zu steileren Winkeln, sind Veränderungen des Emissionsgrades zu beobachten. Bei nichtleitenden Materialien verändert sich der Emissionsgrad ab einem Beobachtungswinkel von etwa $\alpha = 60°$ zu immer kleineren Emissionsgraden. Bei metallischen Oberflächen herrschen im Regelfall meist sehr kleine Emissionsgrade bei kleinen Polarwinkeln vor. Interessant ist allerdings ein ausgeprägtes Maximum bei ca. $\alpha = 85°$ Beobachtungswinkel, bei dem allerdings absolute Emissionsgrade von $\varepsilon > 0{,}4$ nicht wesentlich überschritten werden (vgl. Abbildung 2-14).

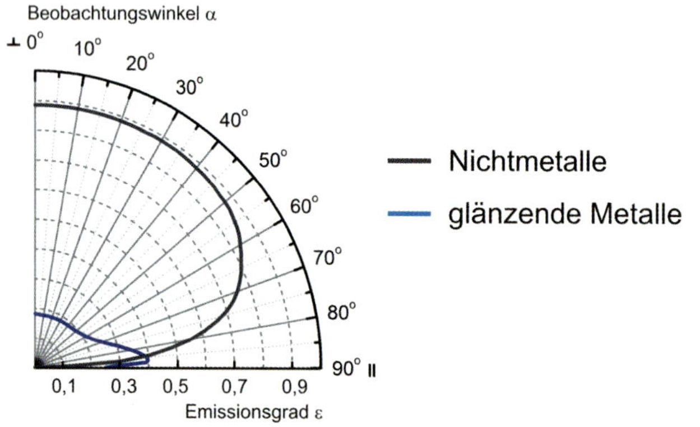

Abbildung 2-14 Richtungsabhängigkeit des Emissionsgrades vom Beobachtungswinkel (Polarwinkel α), Abbildung nach [4]

Von Bedeutung sind die veränderten Emissionsgrade, da hierbei die Reflexionsgrade gleichzeitig größer werden. Dies ist einsichtig, da für den Reflexionsgrad des Messobjektes durch Umstellen der Gleichung [9] für üblicherweise vorkommende opake Oberflächen ($\tau = 0$) geschrieben werden kann:

$$\varepsilon_M + \rho_M = 1 \quad \text{umgestellt:} \quad \rho_M = 1 - \varepsilon_M$$

In schräg thermografierten Objekten ist daher häufig der Einfluss der veränderten Emissionsgrade ε durch den gleichzeitig steigenden Reflexionsgrad ρ mit einzubeziehen. So zeigen sich insbesondere an den durch den Strahlengang schräg gestreiften Oberflächen, wie z.B. von unten nach oben thermografierten Fassaden oder schrägen Möbeloberflächen, häufig stärkere Reflexionsphänomene.

Mit Hilfe des bereits erwähnten Lesli-Würfels (Abbildung 2-9) kann die praktische Wirkung eines veränderten Emissionsgrades gezeigt werden. Der Lesli-Würfel steht auf einem drehbaren Untergestell und wird mit der Seite »schwarze Farbe« aus verschiedenen Betrachtungswinkeln thermografiert. Die angezeigten Temperaturen werden dokumentiert und der zur korrekten Temperaturdarstellung gehörende Emissionsgrad angezeigt. Die Emissionsgrade zeigen hierbei das typische Verhalten der in Abbildung 2-14 gezeigten Verläufe.

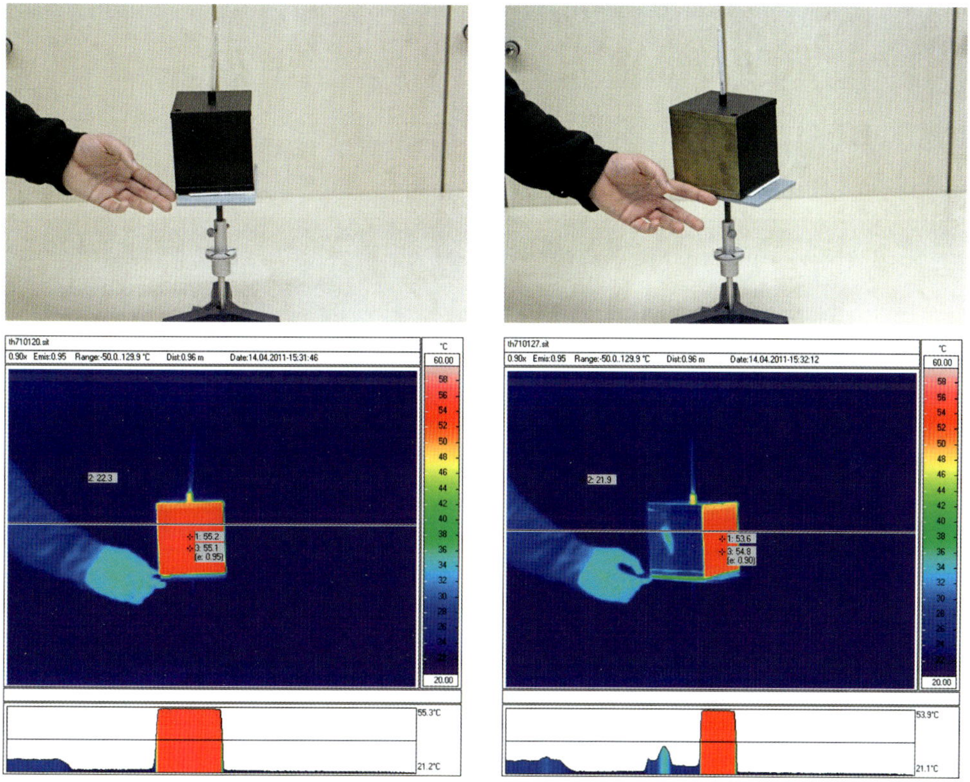

Beobachtungswinkel: $\alpha = 0°$
korrekter Emissionsgrad: $\varepsilon = 0{,}95$

Beobachtungswinkel: $\alpha = 50°$
korrekter Emissionsgrad: $\varepsilon = 0{,}90$

Abbildung 2-15 – Teil 1 Darstellung der Wirkung unterschiedlicher Betrachtungswinkel auf die Temperaturanzeige. Zur Rückrechnung auf die vorhandene tatsächliche Temperatur wurde der korrekte Emissionsgrad angegeben.

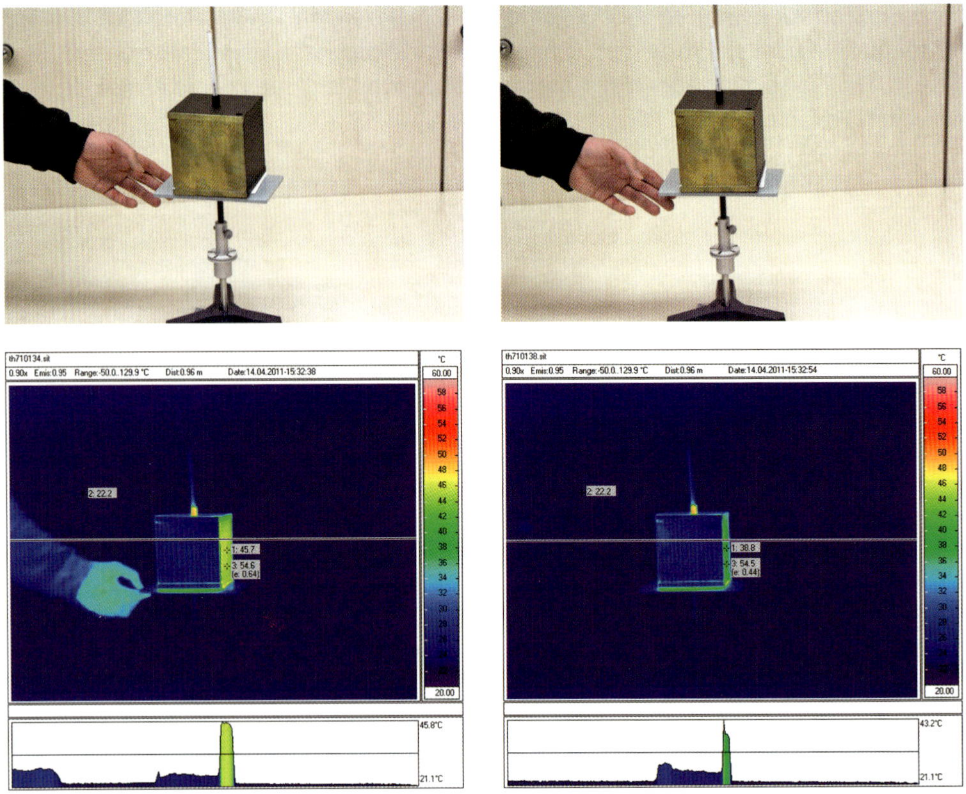

Beobachtungswinkel: $\alpha = 80°$
korrekter Emissionsgrad: $\varepsilon = 0{,}64$

Beobachtungswinkel: $\alpha = 85°$
korrekter Emissionsgrad: $\varepsilon = 0{,}44$

Abbildung 2-15 – Teil 2 Darstellung der Wirkung unterschiedlicher Betrachtungswinkel auf die Temperaturanzeige. Zur Rückrechnung auf die vorhandene tatsächliche Temperatur wurde der korrekte Emissionsgrad angegeben.

Das Verhalten von Glas im Thermogramm

Ein im Bauwesen wichtiger und infolge des Einbaus in Fenster vielfach thermografierter Baustoff ist Glas. Hierbei ist zu beachten, dass Glas für kurzwellige Strahlung durchlässig ist, für langwellige Wärmestrahlung jedoch nicht (vgl. Abbildung 2-16).

Dieser Umstand ist auch der Grund für den so genannten Treibhauseffekt bei großflächig verglasten Gebäuden: Kurzwellige Strahlung transmittiert durch das Glas, trifft auf Bauteiloberflächen im Inneren des Gebäudes und wird in Wärme umgesetzt. Die erwärmten Oberflächen strahlen nun ihrerseits langwellige Wärmestrahlung ab, die jedoch durch das Glas nicht wieder nach außen hindurchgelassen werden (wichtig beim sommerlichen Wärmeschutz und bei der passiven Sonnenenergienutzung). Die strahlungstechnischen Eigenschaften von Glas sind in der Abbildung 2-17 dargestellt. Es ist deutlich erkennbar, dass der Transmissionsgrad τ im sichtbaren und im angrenzenden infraroten Bereich besonders groß und somit »durchsichtig« ist. Den physikalischen Gesetzen folgend ist der

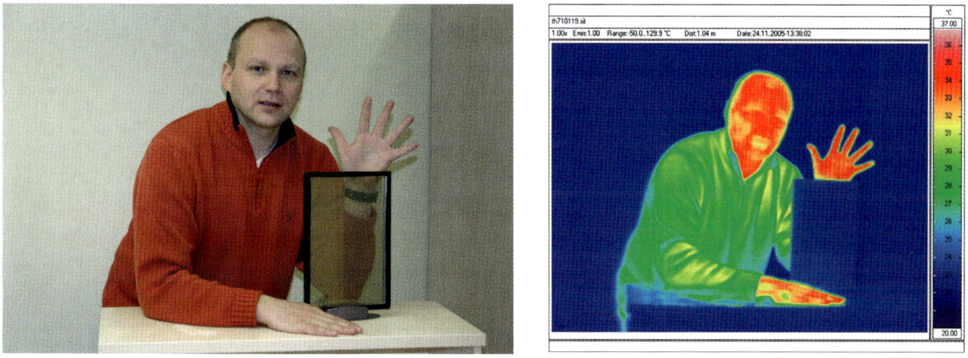

Abbildung 2-16 Normales Fensterglas ist für langwellige Wärmestrahlung kaum durchlässig.

Emissionsgrad ε in diesen Wellenlängenbereichen klein (vgl. Gleichung [9]). Ab einer Wellenlänge von etwa 4,5 μm steigt der Emissionsgrad ε auf gleichmäßigere Werte nahe 1 an, der Transmissionsgrad τ ist entsprechend klein.

Während Verglasungen für Infrarotstrahlung eher undurchsichtig sind, liegen bei dünnen Kunststofffolien teilweise hohe Transmissionsgrade für infrarote Strahlungen vor. Die aus der Erfahrung des menschlichen Sehens herrührende Beurteilung kann bei infraroter Strahlung meist nicht angewendet werden (vgl. Abbildung 2-18).

Zusammenfassend:

- Bei langwelliger Strahlung (Wärmestrahlung) ist die Oberflächenfarbe für die Absorption bzw. Emission unbedeutend. Deutlich sind bei langwelligem Strahlungsaustausch blanke metallische Oberflächen (ε = 0,05 - 0,2) und nichtmetallische Oberflächen (ε = 0,90 - 0,98) zu unterscheiden.

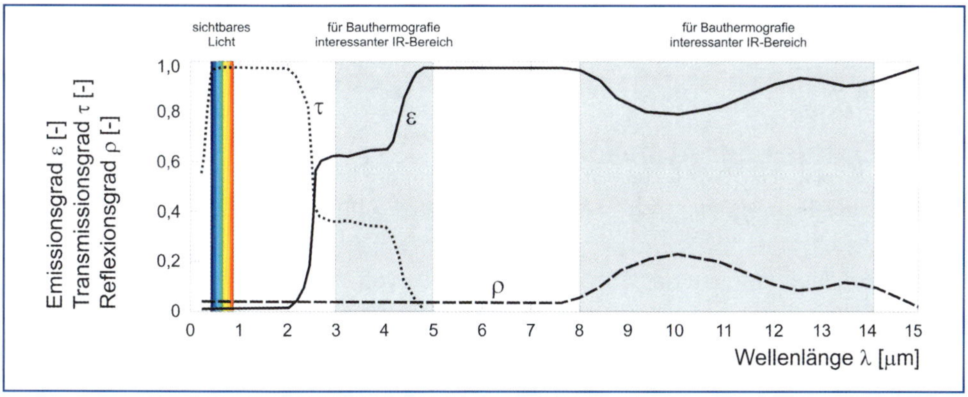

Abbildung 2-17 Emissions-, Transmissions- und Reflexionsgrad von Glas in Abhängigkeit der Wellenlänge λ [μm], es gilt bei jeder Wellenlänge λ: ε + τ + ρ = 1

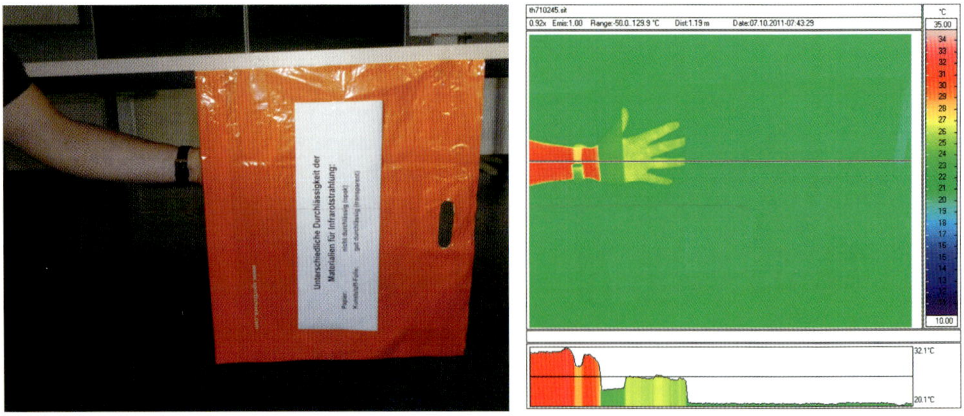

Abbildung 2-18 Kunststofffolien sind gegenüber Infrarotstrahlung sehr transparent, für sichtbare Wellenlängen sind sie hingegen nicht durchlässig.

- Bei kurzwelliger Strahlung (z. B. Sonneneinstrahlung) spielt die Farbe der Oberfläche eine entscheidende Rolle (helle/dunkle Nichtmetalle bei Wellenlängen < 8 µm in Abbildung 2-7). Dunkle Flächen absorbieren kurzwellige Strahlung stärker und erwärmen deshalb auch stärker als helle Flächen.
- Die Richtungsabhängigkeit des Emissionsgrades kann bei streifenden Betrachtungswinkeln einen Einfluss spielen, zu bevorzugen sind möglichst senkrecht aufgenommene Thermogramme.
- Glas ist im Allgemeinen für langwellige Wärmestrahlung nicht durchlässig, wohl aber für kurzwellige Strahlung.
- Kunststofffolien sind für Infrarotstrahlung durchaus transparent, bei der Thermografie wird somit die Temperatur der Oberfläche meist durch die hindurchgelassene Strahlung beeinflusst.

2.2 Einflüsse durch die Messumgebung

2.2.1 Einfluss der Atmosphäre

Die Infrarot-Thermografie wird berührungsfrei durchgeführt, das heißt, die von einem Körper abgestrahlte Energie durchdringt die Atmosphäre, bevor sie detektiert werden kann. Beim Durchdringen der Atmosphäre wird die vom Messobjekt abgestrahlte Energie von Bestandteilen in der Luft absorbiert, reflektiert oder gestreut, sodass je weiter das Messobjekt vom Empfänger entfernt ist, umso weniger Strahlung beim Empfänger ankommt.

Untersuchungen zeigten, dass die Strahlung vor allem durch drei, sich überlagernde Hauptursachen geschwächt wird:

- molekulare Absorption durch Wasserdampf (H_2O)

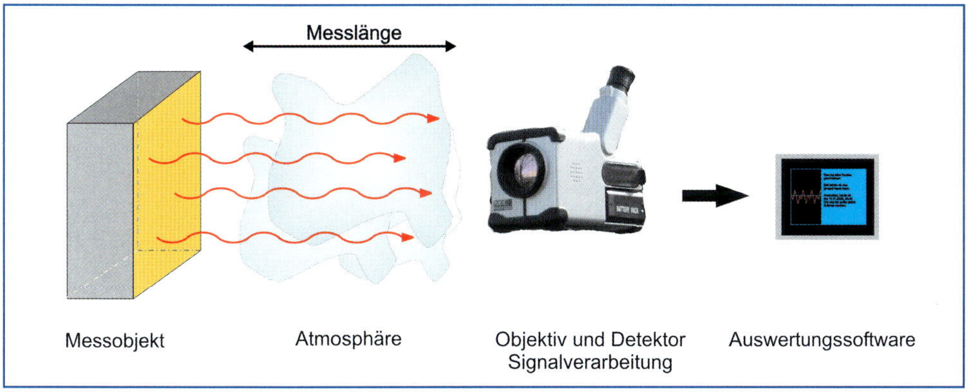

Abbildung 2-19 Prinzip der berührungslos messenden Thermografie

- molekulare Absorption durch Kohlendioxid (CO_2)
- Streuung an Molekülen und Schwebstoffen.

Dieses so genannte Transmissionsverhalten der Übertragungsstrecke ist wellenlängenabhängig. In einigen Wellenlängenbereichen besitzt die Atmosphäre einen hohen Transmissionsgrad, in anderen Bereichen einen geringeren.

Eine schematische Darstellung des Transmissionsverhaltens von Kohlendioxid und Wasserdampf in Abhängigkeit der Wellenlänge zeigt die Abbildung 2-20. Während die Menge an CO_2 in der Luft nahezu gleich ist und somit der Transmissionsgrad relativ konstant ist, hängt der Transmissionsgrad für die Berücksichtigung der Absorption durch den Wasserdampf von der in der Luft vorhandenen Wasserdampfmenge ab.

Grundsätzlich besteht natürlich die Abhängigkeit der Transmission vom zurückgelegten Weg. Je weiter der Strahlung aussendende Ort vom Detektor der IR-Kamera entfernt ist, umso höher die Dämpfung (geringerer Transmissionsgrad). Vergleichend zeigen die Abbildung 2-21 und Abbildung 2-22 diesen Zusammenhang.

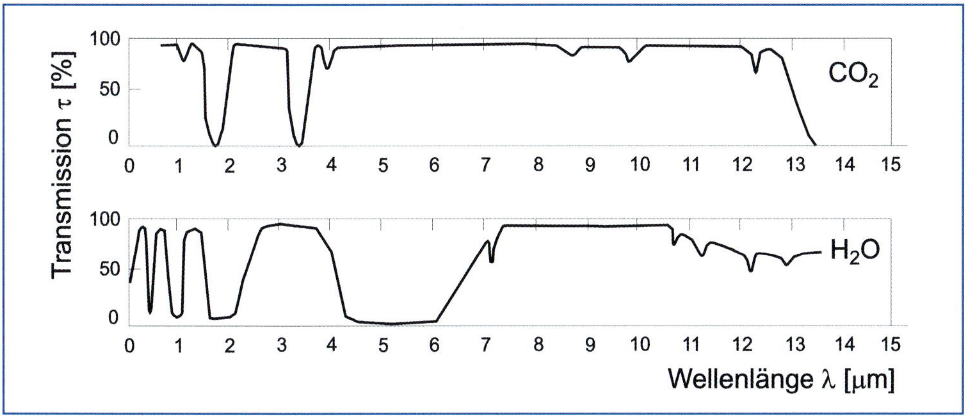

Abbildung 2-20 Schematische Darstellung des Transmissionsgrades einzeln dargestellt für Kohlendioxid und Wasserdampf in der Luft bei einer Messstrecke von ca. 300 m, aus [41]

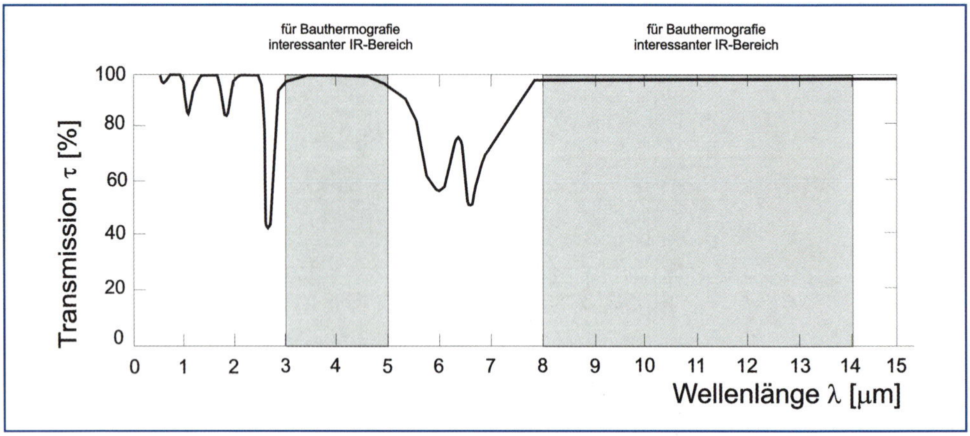

Abbildung 2-21 Schematische Darstellung des Transmissionsgrades für eine 1 m lange Messstrecke, Lufttemperatur 32 °C, relative Feuchte 75 %

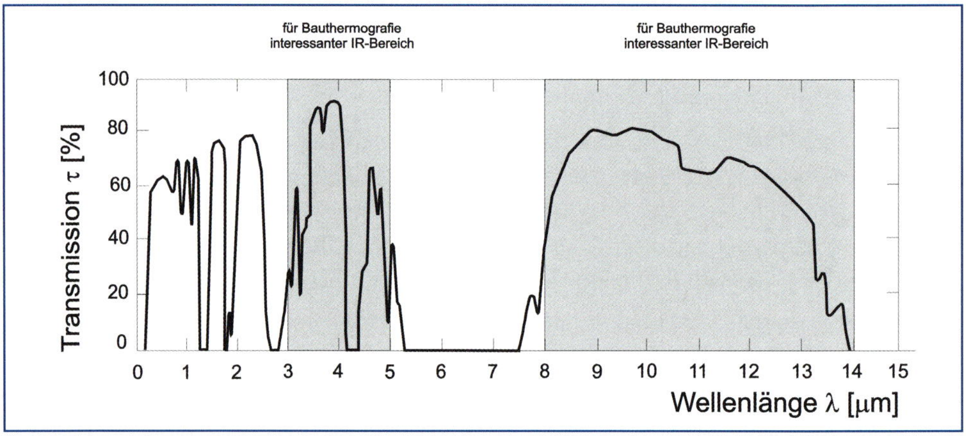

Abbildung 2-22 Schematische Darstellung des Transmissionsgrades für eine ca. 2000 m lange Messstrecke, Lufttemperatur 15 °C, relative Feuchte 75 %

In den Abbildungen 2-21 und 2-22 ist außerdem zu erkennen, dass es im Infrarotspektrum Wellen-längenbereiche gibt, die bereichsweise konstant eine sehr hohe Transmission ohne starke Absorptionsbänder besitzen. Diese Durchlassbereiche für das elektromagnetische Spektrum werden als atmosphärische Fenster bezeichnet und kennzeichnen somit Bereiche, in denen die ausgesandte Strahlung beim Gang durch die Atmosphäre nur wenig behindert wird. Rein zufällig befindet sich ein atmosphärisches Fenster im Wellenlängenbereich von 8 µm - 14 µm, das zudem gerade mit dem Maximum der Ausstrahlung von Körpern im Temperaturbereich der Bauthermografie zusammen fällt (vgl. Tabelle 2-1). Die IR-Kameras für den Temperaturbereich der Bauthermografie sind daher für diesen Wellenlängenbereich optimiert. Ein weiteres atmosphärisches Fenster befindet sich im Bereich von 3 µm - 5 µm. Dieses optische Fenster fällt mit den

Ausstrahlungsmaxima höherer Temperaturbereiche zusammen und wird insbesondere für Thermografieaufgaben bei der industriellen Prozessüberwachung (z. B. Gießereien, Stahlwerke) benutzt.

Zudem zeigen die Abbildungen 2-21 und 2-22, dass im Rahmen der praktischen Bauthermografie, bei der Aufnahmeentfernungen von 3 m (Innenaufnahmen) bis ca. 20 m (Außenaufnahmen) auftreten, die Schwächung des Signals durch die Atmosphäre meist vernachlässigbar ist. Will man es genauer wissen, lässt sich bei professionellen IR-Systemen der Einfluss mit Hilfe der kameraspezifischen Auswertesoftware berücksichtigen.

Befindet sich in der Atmosphäre freies Wasser (Nebel, Dunst und Regen) oder Staub, steigt die Streuung der Strahlung beim Durchgang durch die Atmosphäre stark an. Man sollte daher überlegen, ob bei Nebel, Schnee oder staubiger Atmosphäre gefertigte Aufnahmen für den beabsichtigten Zweck der Thermografie dann noch aussagefähig sind (vgl. auch Beispiel in Abschnitt 8.2.1).

2.2.2 Einfluss der Umgebungs- und Hintergrundstrahlung – Auswertungsgleichung der Thermografie

Bei der berührungslosen Messung von Oberflächentemperaturen eines Messobjektes wird vom Infrarot-Detektor der Kamera die einfallende Strahlungsenergie in eine Temperaturangabe umgerechnet. Damit zur einfallenden Strahlungsmenge auch die entsprechend richtige Oberflächentemperatur angezeigt wird, ist zunächst die Kamera in Abhängigkeit vom verwendeten Detektor an einem idealen Schwarzkörper zu kalibrieren[2]. Hierdurch ist sichergestellt, dass die Temperatur eines schwarzen Strahlers von der IR-Kamera auch tatsächlich korrekt gemessen und angezeigt wird.

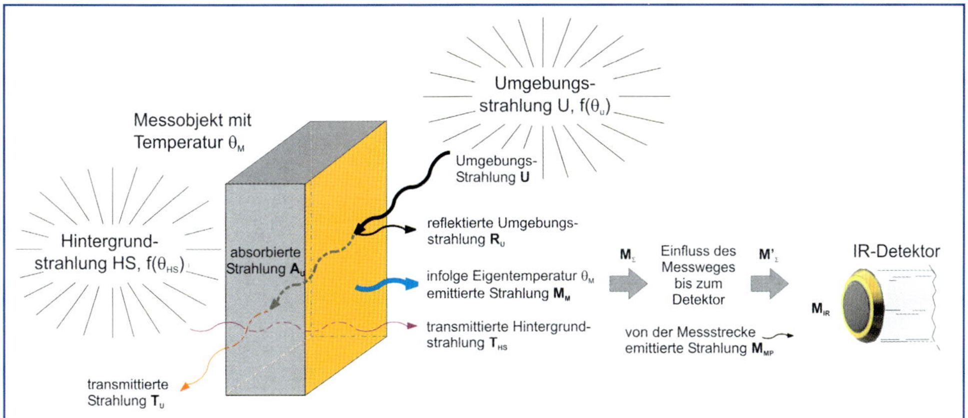

Abbildung 2-23 Schematische Darstellung der Strahlungsanteile bei einer thermografischen Messanordnung

[2] Die Kalibrierungen erfolgen bereits beim Hersteller und werden im Regelfall mit Hilfe eines »Schwarzen Strahlers«, wie z. B. mit Hilfe des Prinzips des in Abbildung 2-2 gezeigten Hohlraumstrahlers durchgeführt.

Bei einer realen Temperaturmessung liegen die (Labor-)Bedingungen eines schwarzen Strahlers nicht vor. Wie in Abbildung 2-23 gezeigt, beeinflussen verschiedene Strahlungsanteile das letztendlich vom Sensor aufgenommene Strahlungssignal.

Aus einer Bilanzierung der Strahlungsanteile lässt sich die thermografische Grundgleichung, mit deren Hilfe die aufgenommene Strahlung in eine Temperatur umgerechnet wird, beschreiben:

Von einem Messobjekt der Temperatur θ_M und einem Emissionsgrad ε_M wird nach dem Umstellen der Gleichung [7] folgende Strahlung M_M ausgesandt:

$$M_M = \varepsilon_M \cdot M_{schw.\,Körper}(\theta_M) \qquad [11]$$

mit: ε_M Emissionsgrad des Messobjektes
M_M Strahlungsemission eines realen Körpers bei θ_M
$M_{schw.Körper}(\theta_M)$ Strahlungsemission des schwarzen Strahlers bei θ_M

Aus der Umgebung empfängt das Messobjekt Strahlung, die reflektiert, absorbiert oder transmittiert wird.

Der zum IR-Sensor gerichtete reflektierte Teil der Umgebungsstrahlung ist zu beschreiben als:

$$R_U = \rho_M \cdot U(\theta_U) \qquad [12]$$

mit: R_U Reflektierter Strahlungsanteil der Umgebungsstrahlung
ρ_M Reflexionsgrad des Messobjektes
$U(\theta_U)$ Umgebungsstrahlung infolge der über dem Halbraum des Körpers vorhandenen mittleren Temperatur θ_U

Bei für Infrarotstrahlung transparenten Körpern (z. B. Folien, Gase) wird aus dem Hintergrund des Messobjektes Strahlung hindurchgelassen, deren Größe einerseits von der Strahlungstemperatur des Hintergrundes θ_{HS} und andererseits dem Transmissionsgrad des Körpers abhängt:

$$T_{HS} = \tau_M \cdot HS(\theta_{HS}) \qquad [13]$$

mit: T_{HS} transmittierter Strahlungsanteil der Hintergrundstrahlung
τ_M Transmissionsgrad des realen Körpers
$HS(\theta_{HS})$ Umgebungsstrahlung infolge der Strahlungstemperatur θ_{HS} des Hintergrundes

Die in den Gleichungen [11], [12] und [13] genannten Anteile addieren sich zu einer Gesamtstrahlung M_Σ.

$$M_\Sigma = M_M + R_U + T_{HS} \qquad [14]$$

Bei bauthermografischen Messungen kann man im Regelfall von (in infrarottechnischer Hinsicht) nichttransparenten Stoffen ($\tau_M = 0$) ausgehen (Achtung: Bei dünnen Kunststofffolien, Gasen und infrarotdurchlässigen Medien liegt der Regelfall nicht vor! Vgl. Abbildung 2-18.). Der Strahlungsanteil T_{HS} fällt im Fall nichttransparenter Stoffe (im IR-Bereich) weg und die Gleichung [9] kann wie folgt geschrieben werden:

$$\varepsilon_M + \rho_M + \tau_M = \varepsilon_M + \rho_M + 0 = \varepsilon_M + \rho_M = 1 \qquad [15]$$

mit: ε_M Emissionsgrad des Messobjektes
ρ_M Reflexionsgrad des Messobjektes
τ_M Transmissionsgrad des Messobjektes

Für den Reflexionsgrad des Messobjektes kann durch Umstellen der Gleichung [15] auch geschrieben werden:

$$\varepsilon_M + \rho_M = 1 \quad \text{umgestellt: } \rho_M = 1 - \varepsilon_M \qquad [16]$$

mit: ε_M Emissionsgrad des Messobjektes
ρ_M Reflexionsgrad des Messobjektes

Die am Messobjekt anliegende Strahlung M_Σ kann nun (für infrarottechnisch nichttransparente Körper) angegeben werden:

$$M_\Sigma = \underbrace{\varepsilon_M \cdot M_{\text{schw.Körper}}(\theta_M)}_{M_M} + \underbrace{(1-\varepsilon_M)\cdot U(\theta_U)}_{R_U} + \underbrace{0}_{T_{HS}} \qquad [17]$$

Beim Weg der Strahlung durch die Atmosphäre (durch den Messpfad) wird die in Gleichung [17] beschriebene Strahlung M_Σ in Abhängigkeit der Durchlässigkeit der Atmosphäre (vgl. Abschnitt 2.2.1) abgeschwächt:

$$M'_\Sigma = \tau_{MP} \cdot M_\Sigma \qquad [18]$$

mit: M'_Σ nach Durchgang durch Atmosphäre abgeschwächte Strahlung
τ_{MP} Transmissionsgrad des Messpfades (Atmosphäre)
M_Σ nah am Körper vorhandene Strahlung

Auf dem Weg durch die Atmosphäre kann auch vom Messpfad mit einer Strahlungstemperatur θ_{MP} selbst Strahlung M_{MP} emittiert (ausgesandt) werden, die ebenfalls additiv zur Strahlung M'_{Σ} hinzukommt.

Aufgrund der Annahme, dass auf dem Messpfad der Reflexionsgrad $\rho_{MP} = 0$ ist, kann für den Emissionsgrad des Messpfades geschrieben werden:

$$\varepsilon_{MP} + \underbrace{\rho_{MP}}_{=0} + \tau_{MP} = 1 \quad \text{umgestellt: } \varepsilon_{MP} = 1 - \tau_{MP} \qquad [19]$$

mit: ε_{MP} Emissionsgrad des Messpfades
τ_{MP} Transmissionsgrad des Messpfades

Für die vom Messpfad emittierte Strahlung ergibt sich mit Gleichung [19]:

$$M_{MP} = \varepsilon_{MP} \cdot M_{schw.Körper}(\theta_{MP}) = (1 - \tau_{MP}) \cdot M_{schw.Körper}(\theta_{MP}) \qquad [20]$$

mit: M_{MP} Strahlung infolge der Strahlungstemperatur θ_{MP} des Messpfades
ε_{MP} Emissionsgrad des Messpfades
$M_{schw.Körper}(\theta_{MP})$ Strahlungsemission des schwarzen Strahlers bei θ_{MP}

Mit den Gleichungen [17] bis [20] ergibt sich für die am IR-Empfänger ankommende (messbare) Strahlung:

$$M_{IR} = M'_{\Sigma} + M_{MP} = \tau_{MP} \cdot \left[\varepsilon_M \cdot M_{schw.Körper}(\theta_M) + (1 - \varepsilon_M) \cdot U(\theta_U)\right] + (1 - \tau_{MP}) \cdot M_{schw.Körper}(\theta_{MP}) \qquad [21]$$

mit: M_{IR} am Infrarotsensor gemessene Strahlung
M'_{Σ} nach Durchgang durch Atmosphäre abgeschwächte Strahlung
M_{MP} durch den Messpfad emittierte Strahlung

Zur Darstellung der bei thermografischen Untersuchungen interessanten Temperatur des Messobjektes ist die Gleichung [21] nach der Objekttemperatur θ_M aufzulösen:

$$\theta_M = M^{-1} \cdot \left(\frac{\frac{M_{IR} - (1 - \tau_{MP}) \cdot M_{schw.Körper}(\theta_{MP})}{\tau_{MP}} - (1 - \varepsilon_M) \cdot U(\theta_U)}{\varepsilon_M} \right) \qquad [22]$$

Mit dem Ausdruck M^{-1} ist in der obigen Gleichung die kameraspezifische und mit Kalibrierungswerten versehene Umkehrfunktion der Infrarotkamera gemeint, mit deren Hilfe die aufgenommene Strahlung des Detektors in eine Temperatur umgerechnet wird. Aus der obigen Gleichung [22] ist ersichtlich, dass bei einer genauen Bestimmung der berührungslos ermittelten Objekttemperatur mehrere Kenngrößen der Messanordnung bekannt sein müssen:

- ε_M Emissionsgrad des Messobjektes
- θ_U mittlere Temperatur des Halbraumes über dem Messobjekt zur Bestimmung der Umgebungsstrahlung
- τ_{MP} Transmissionsgrad des Messpfades
- θ_{MP} Strahlungstemperatur des Messpfades

Die Gleichung [22] vereinfacht sich im Regelfall, da bei geringen Messdistanzen und üblichen Luftfeuchten keine erheblichen Transmissionsverluste durch die Atmosphäre entstehen (vgl. Abschnitt 2.2.1). Weiterhin kann auch meist von einer geringen Beeinflussung der Infrarotstrahlung durch die vom Messpfad emittierte Strahlung ausgegangen werden, sodass sich die obige Gleichung zu folgendem Ausdruck vereinfacht:

$$\theta_M = M^{-1} \cdot \left(\frac{M_{IR} - (1-\varepsilon_M) \cdot U(\theta_U)}{\varepsilon_M} \right) = M^{-1} \cdot \left(\frac{1}{\varepsilon_M} \cdot \left[M_{IR} - U(\theta_U) \right] + U(\theta_U) \right) \qquad [23]$$

Die Gleichung [23] zeigt, dass bei Emissionswerten $\varepsilon_M < 1$ der reflektierte Anteil der Umgebungsstrahlung in die Berechnung der Messobjekttemperatur eingeht (siehe auch Abbildung 2-23). Ebenso ist der Einfluss der Umgebungsstrahlung bzw. der zugehörigen Umgebungstemperatur θ_U auch bei der Emissionsgradkorrektur zu berücksichtigen. Dieser Hintergrund sollte dem Anwender der Thermografie bei der Angabe von absoluten Temperaturwerten bewusst sein.

Erst im Fall des ideal schwarzen Körpers ($\varepsilon_M = 1$) besteht die in Gleichung [23] gezeigte Abhängigkeit nicht mehr und der Term besteht nur noch aus der Umkehrfunktion der Temperatur-Strahlungs-Beziehung der eingesetzten Kamera:

$$\text{für } \varepsilon = 1 \text{ gilt:} \quad \theta_M = M^{-1} \cdot (M_{IR}) \qquad [24]$$

Bei den modernen Thermografiesystemen wird die Auswertung der Gleichung [23] durch die Eingabe einer der Kamera vorzugebenden Strahlungstemperatur $\theta_{U,K}$ und des (wahrscheinlichen) Emissionsgrades des Messobjektes ε_M vereinfacht. Die Problematik einer korrekten Temperaturmessung besteht dann eigentlich nur in der Eingabe der richtigen Strahlungstemperatur der Umgebung θ_U und des Emissionswertes.

Die Gleichung [23] vereinfacht sich erheblich, wenn die Messobjekttemperatur θ_M mit der Strahlungstemperatur der Umgebung θ_U übereinstimmt. In diesem Fall wird unabhängig von der Größe des Emissionsgrades immer die richtige Temperatur angezeigt. Dies liegt daran, dass die vom Messobjekt reflektierte Umgebungsstrahlung R_U den Eigenstrahlungsanteil M_M ergänzt, als würde das Messobjekt als »schwarzer Körper« strahlen (alle Temperaturen sind ja auch gleich). Ein derartiger Fall **kann** in der Bauthermografie vorliegen, wenn ein Thermogramm im Gebäudeinneren aufgenommen wird, bei der die Umgebungstemperatur nahezu gleich der Temperatur des Messobjektes ist.

In vielen Fällen kann es bei Außenthermografien ausreichend sein, die Umgebungsstrahlung aufgrund der Lufttemperatur abschätzend anzugeben. Insbesondere bei bedecktem Himmel und tiefliegender Bewölkung liegt die Umgebungstemperatur relativ nah an der Lufttemperatur.

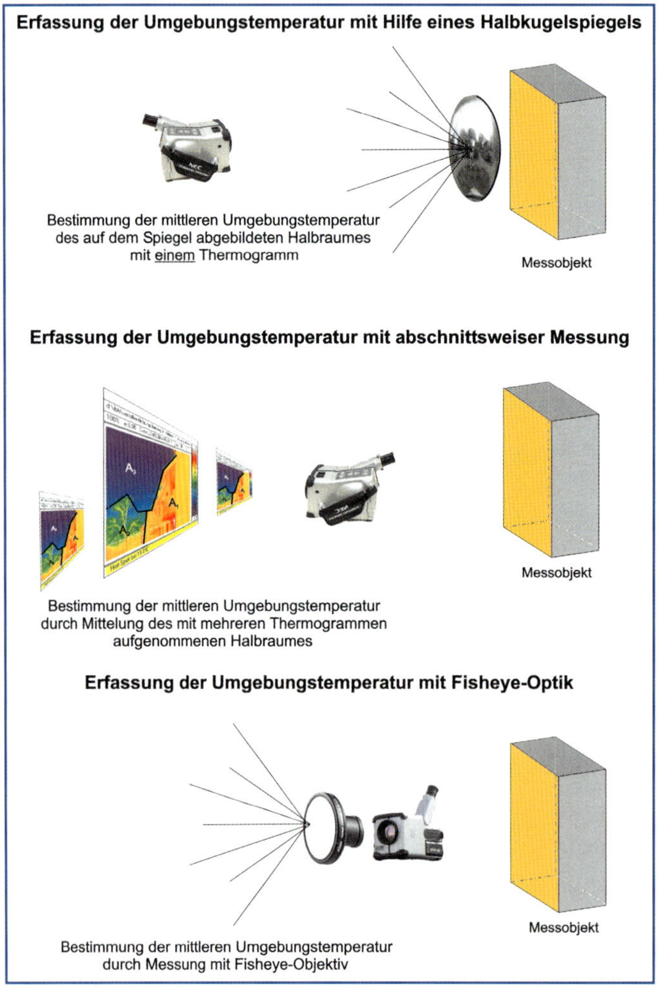

Abbildung 2-24 Möglichkeiten zur Bestimmung der Umgebungs-(strahlungs) temperatur θ_U

Bei Untersuchungen, bei denen es auf die Angabe einer **genauen Absoluttemperatur** ankommt, ist die Strahlungstemperatur des Hintergrundes messtechnisch zu ermitteln. Hierbei wird die Umgebungstemperatur des Halbraumes vor dem zu vermessenden Objekt in einer »Zusatzmessung« bestimmt. Die Bestimmung der Hintergrundtemperatur kann über ein IR-Fisheye-Objektiv (Wechselobjektiv) vorgenommen werden. Praktisch kann man sich vereinfachend behelfen, indem die Temperaturen der angrenzenden Flächenanteile, z. B. Bebauung, Himmel, Bäume und Boden, gemessen werden und eine entsprechend den Flächenanteilen gemittelte Temperatur gebildet wird.

Bei einer weiteren Variante wird die Temperatur der Umgebung mit Hilfe eines Halbkugelspiegels bestimmt. Der Halbkugelspiegel dient dazu, die Umgebungsstrahlung des Halbraumes auf die Spiegelfläche zu projizieren, die dann mit der IR-Kamera aufgenommen wird. Zur Bestimmung der Umgebungstemperatur wird dann die mittlere Temperatur der auf dem Spiegel eingefangenen IR-Strahlung mit Hilfe der Auswertesoftware bestimmt (Temperaturintegration auf der Fläche mit evtl. verschiedenen Emissionswerten). Hierbei ist zu beachten, dass die Flächenanteile, auf denen man die IR-Kamera und den Gerätebediener selbst sieht, von der Integration ausgenommen werden.

Eine Abwandelung des Halbkugelspiegel-Prinzips stellt die z. B. in [38] vorgestellte Verwendung einer geknitterten und wieder aufgefalteten Aluminiumfolie als Reflektor der Hintergrundstrahlung dar. Durch die zerknitterte Struktur soll hierbei die Hintergrundstrahlung möglichst diffus reflektiert werden. Die Hintergrundtemperatur wird auf der Folie mit einem Emissionsgrad $\varepsilon = 1$ bestimmt und als Kamera-Eingabewert für die Umgebungstemperatur benutzt.

Spielt die absolute Temperaturangabe keine große Rolle und ist es für die Messaufgabe vielmehr wichtig, die Temperaturunterschiede zwischen den thermografierten Flächen zu bestimmen, ist es vielfach sinnvoller, die Thermogramme vereinfacht mit einem Emissionswert von $\varepsilon = 1$ aufzunehmen.

2.2.3 Auswirkungen von Fehleinschätzungen des Emissionsgrads und der Umgebungsstrahlungstemperatur

Aufbauend auf der allgemeinen Auswertungsgleichung der Thermografie soll erörtert werden, wie sich falsch eingestellte Emissionsgrade und Strahlungstemperaturen auf das Messergebnis auswirken. Diese Untersuchungen werden mit Hilfe von Zahlenbeispielen geführt, um eine klare Nachvollziehbarkeit zu gewährleisten.

Von einer zu thermografierenden Oberfläche ist die tatsächliche Temperatur mit $\theta_M = 0\ °C$ und der Emissionsgrad $\varepsilon = 0{,}95$ bekannt. Diese Oberfläche emittiert nach dem Stefan-Boltzmann-Gesetz [1] ca. 300 W/m^2.

$$M = 300 = 0{,}95 \cdot \sigma \cdot T_M^4 \qquad [25]$$

Die Gleichung [25] kann auf die in der vierten Potenz dargestellte Absoluttemperatur T_M^4 umgestellt werden:

$$T_M^4 = 315 \cdot \sigma^{-1} \qquad [26]$$

Die eindeutige Bestimmung der Messobjekttemperatur T_M ist nur unter Vorgabe der herrschenden Umgebungsstrahlung U, die in der Kamera als zugehörige Strahlungstemperatur $\theta_{u,\, \varepsilon = 1}$ einzustellen ist, möglich. Wie in Abbildung 2-25 gezeigt, gelangt in Abhängigkeit vom tatsächlichen Emissionsgrad des Messobjektes und der Größe der Umgebungsstrahlung U mehr oder weniger Strahlung auf den Strahlengang vom Messobjekt über die Atmosphäre zur Thermografiekamera. Zunächst wird angenommen, dass die Umgebungsstrahlung U mit U = 100 W/m² kleiner sein soll, als die vom Messobjekt infolge der Eigentemperatur selbst ausgesendete Strahlung. Im Vorgriff auf die Auswirkung unterschiedlicher Größen der Umgebungsstrahlung gilt als markanter Umschaltpunkt die Menge an Strahlung, die bei der herrschenden Messobjekttemperatur unter Ansatz des Emissionsgrades eines schwarzen Körpers (ε = 1) auftreten kann. Im vorherigen Beispiel ist dies:

$$M_{\varepsilon=1} = 315 = 1{,}0 \cdot \sigma \cdot T_M^4 \qquad [27]$$

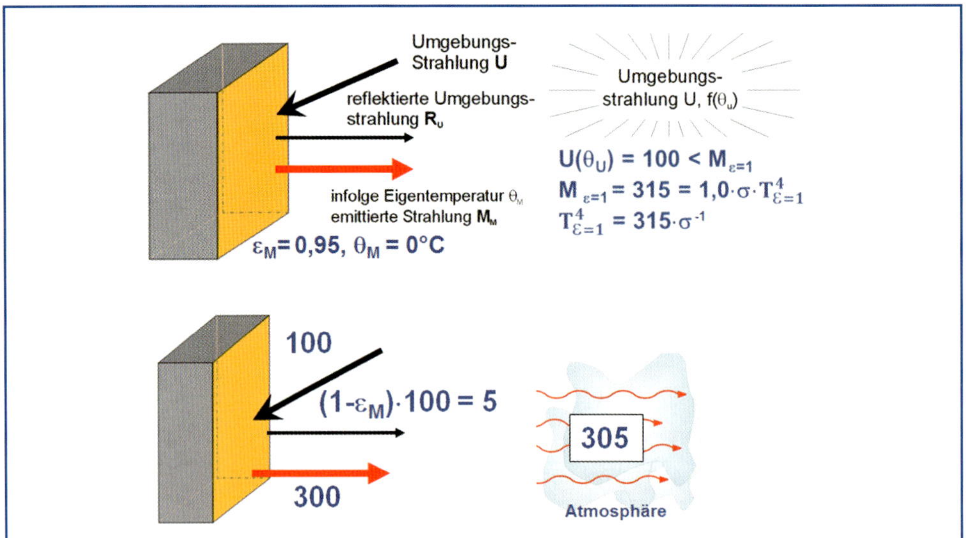

Abbildung 2-25 Zusammenhänge und Zahlenwerte der Strahlungsbilanz zur Bestimmung der Eigentemperatur θ_M unter der Annahme, dass die Umgebungsstrahlung $U(\theta_U)$ = 100 W/m², der Emissionsgrad ε = 0,95 und die Eigentemperatur des Körpers θ_M = 0 °C betragen.

Werden die Zahlenwerte der durch die Eigentemperatur θ_M = 0 °C abgestrahlten infraroten Strahlung M_M = 300 W/m² und der reflektierten Umgebungsstrahlung R_U unter Zuhilfenahme des Zusammenhanges zwischen Emissionsgrad und Reflexionsgrad bei opaken Oberflächen wie folgt bilanziert,

$$P_M = 1 - \varepsilon_M$$
$$R_U = (1 - 0{,}95) \cdot 100 = 5\ W/m^2 \qquad [28]$$

ergibt sich die in Abbildung 2-25 dargestellte Strahlungsbilanz.

Auf dem Strahlengang vom Messobjekt zur Infrarotkamera befinden sich insgesamt M_Σ = 305 W/m², die in den Anteilen M_M = 300 W/m² vom Messobjekt und mit einem Anteil von R_U = 5 W/m² aus dem reflektierten Anteil der Umgebungsstrahlung stammen.

Zur Bestimmung der Messobjekttemperatur ist der Infrarotkamera der vermutliche Emissionsgrad des Messobjektes ε_K und die vermutliche Umgebungsstrahlungstemperatur $U(\theta_{U,K})$ vorzugeben. Diese Werte sind in der Kamera bzw. nachträglich in der Auswertesoftware einzugeben.

Auswirkungen zu hoch oder zu niedrig angesetzter Emissionsgrade

In dem in Abbildung 2-26 gezeigten Beispiel wird angenommen, dass der Emissionsgrad der Messobjektoberfläche mit ε_K = 0,7 deutlich zu tief angenommen wurde und durch die Vorgabe als Einstellwert in der Kamera zur Anwendung kommen wird. Die Umgebungsstrahlung U wird mit ihrem korrekten Wert in der Kamera angegeben. Durch die Kamera werden aus dem gemessenen Strahlungswert (M_{IR} = 305 W/m²) die Anteile der überlagerten Strahlungskomponenten bilanziert. Für den vom Messobjekt reflektierten Anteil der Umgebungsstrahlung wird mit dem zu tief angenommenen Emissionsgrad der Kameraeinstellung

$$R_{U,K} = (1 - 0{,}70) \cdot 100 = 30\ W/m^2 \qquad [29]$$

berechnet. Aus der Differenz der gemessenen Gesamtstrahlung und dem bilanzierten reflektierten Anteil ergibt sich: 305 W/m² – 30 W/m² = 275 W/m². Die kamerainterne Rückrechnung der Strahlungsmenge mit Hilfe des Stefan-Boltzmann-Gesetzes ergibt:

$$M = 275 = 0{,}70 \cdot \sigma \cdot T_K^4$$
$$T_K^4 = 392 \cdot \sigma^{-1} > 315 \cdot \sigma^{-1} = T_M^4 \qquad [30]$$

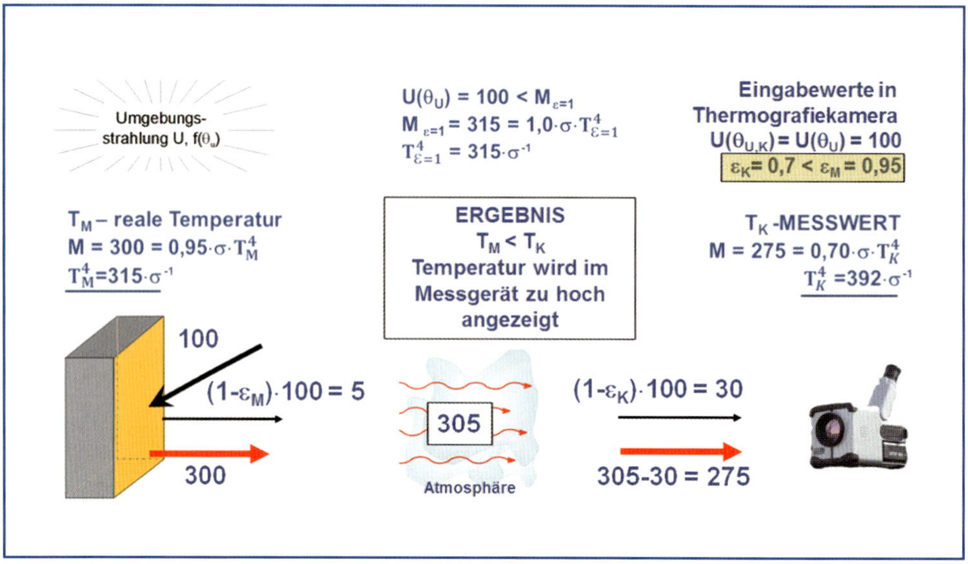

Abbildung 2-26 Auswirkungen auf die Zahlenwerte der Strahlungsbilanz zur Bestimmung der Eigentemperatur θ_M, hier für den Fall:

- zu **klein** angesetzter Emissionsgrad ε_K
- Umgebungsstrahlung < maximale Ausstrahlung M, die bei der Messobjekttemperatur unter Ansatz $\varepsilon = 1$ auftritt
- richtig eingegebene Umgebungsstrahlung

Beim Vergleich der in Gleichung [30] dargestellten tatsächlichen Messobjekttemperatur T_M mit der in der Kamera bilanzierten Temperatur T_K wird sichtbar, dass in diesem Fall die in der Kamera angezeigte Temperatur T_K höher ist als die tatsächliche Oberflächentemperatur T_M.

Für den Fall eines mit $\varepsilon_K = 0{,}99$ gegenüber dem tatsächlichen Wert zu hoch angenommenen Emissionsgrads ($\varepsilon_M = 0{,}95$) wird, wie in Abbildung 2-27 dargestellt, eine gegenüber dem richtigen Wert zu niedrige Temperatur angezeigt.

Bei den bisherigen Ausführungen wurde unterstellt, dass die Umgebungsstrahlung geringer ist als die Strahlung, die bei der herrschenden Messobjekttemperatur unter Ansatz des Emissionsgrades eines schwarzen Körper ($\varepsilon = 1$) auftreten kann.

Im Folgenden soll nun davon ausgegangen werden, dass die Umgebungsstrahlung mit $U(\theta_U) = 400\ W/m^2$ höher ist als die unter Ansatz von $\varepsilon = 1$ mit der Eigentemperatur emittierte Strahlung $M_{\varepsilon = 1} = 315\ W/m^2$. Dieser Fall liegt z. B. vor, wenn heiße Strahlungsquellen eine starke Umgebungsstrahlung auf das Messobjekt aussenden. Bei einem unter diesen Randbedingungen zu klein angesetzten Emissionsgrad wird die Temperatur im Messgerät zu niedrig angesetzt (vgl. Abbildung 2-28). Im Vergleich zum erzielten Effekt in Abbildung 2-26 resultiert bei einer Emissionsgradverringerung eine gegensätzliche Wirkung.

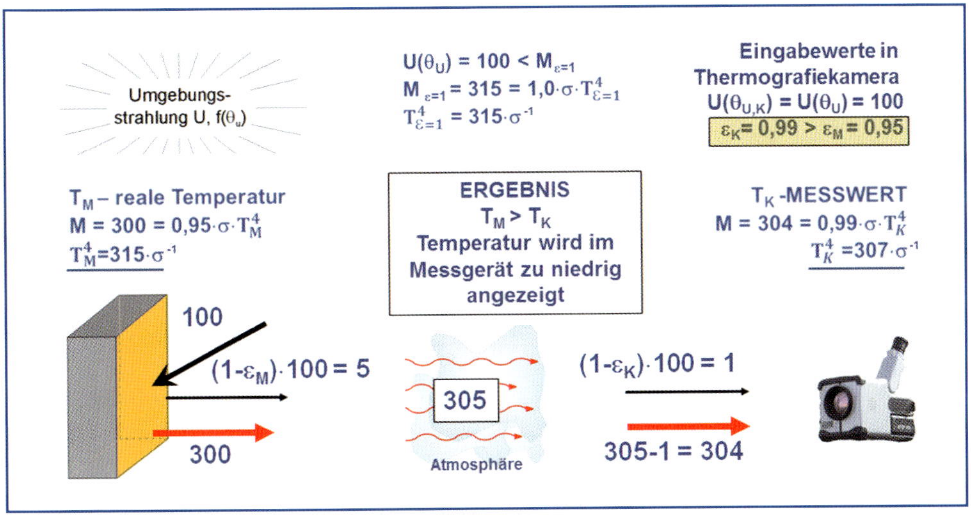

Abbildung 2-27 Auswirkungen auf die Zahlenwerte der Strahlungsbilanz zur Bestimmung der Eigentemperatur θ_M, hier für den Fall:

- zu **groß** angesetzter Emissionsgrad ε_K
- Umgebungsstrahlung < maximale Ausstrahlung M, die bei der Messobjekttemperatur unter Ansatz $\varepsilon = 1$ auftritt
- richtig eingegebene Umgebungsstrahlung

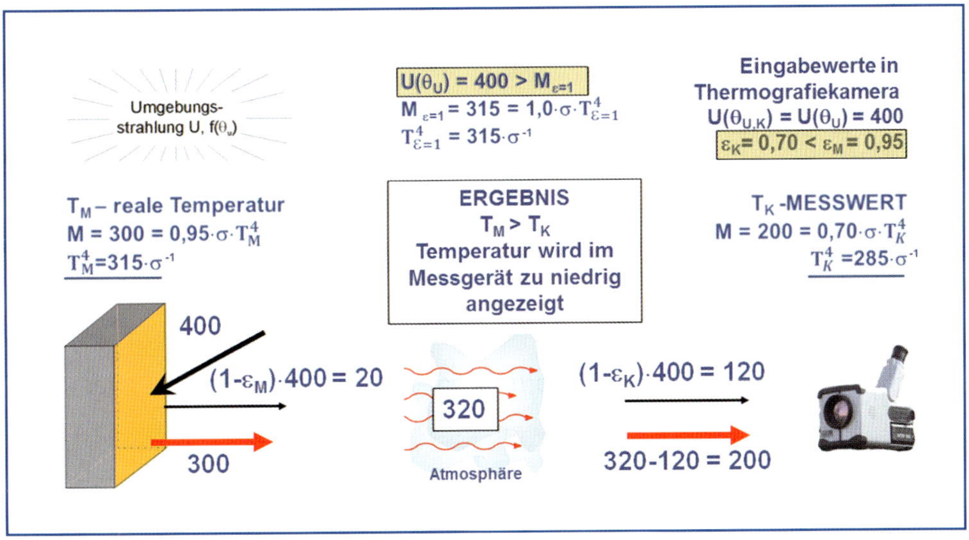

Abbildung 2-28 Auswirkungen auf die Zahlenwerte der Strahlungsbilanz zur Bestimmung der Eigentemperatur θ_M, hier für den Fall:

- zu **klein** angesetzter Emissionsgrad ε_K
- Umgebungsstrahlung > maximale Ausstrahlung M, die bei der Messobjekttemperatur unter Ansatz $\varepsilon = 1$ auftritt
- richtig eingegebene Umgebungsstrahlung

Ein gegenüber dem richtigen Emissionsgrad zu hoch eingestellter Emissionsgrad in der Kamera ergibt unter der Voraussetzung der hohen Umgebungsstrahlung eine zu hoch angezeigte Temperatur des zu messenden Objektes in der Thermografiekamera (vgl. Abbildung 2-29).

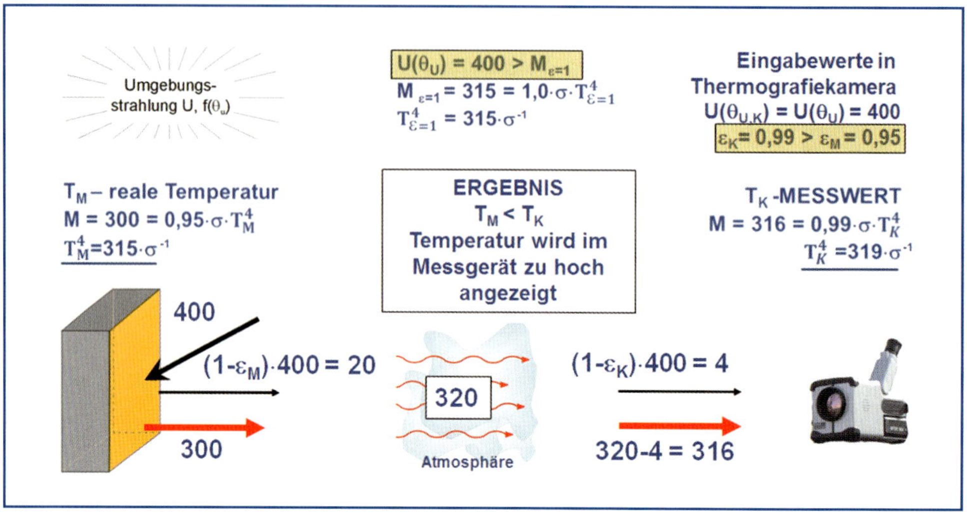

Abbildung 2-29 Auswirkungen auf die Zahlenwerte der Strahlungsbilanz zur Bestimmung der Eigentemperatur θ_M, hier für den Fall:

- zu groß angesetzter Emissionsgrad ε_K
- Umgebungsstrahlung > maximale Ausstrahlung M, die bei der Messobjekttemperatur unter Ansatz $\varepsilon = 1$ auftritt
- richtig eingegebene Umgebungsstrahlung

Auswirkungen zu niedrig oder zu hoch angesetzter Umgebungsstrahlungen

Durch die Abhängigkeit des in der Thermografiekamera angezeigten Messwertes von der Umgebungsstrahlung werden im Folgenden die Auswirkungen zu geringer und zu hoch angesetzter Umgebungsstrahlungen $U(\theta_{U,K})$ untersucht. Dabei ist es ohne Bedeutung, inwieweit die angesetzte Umgebungsstrahlungstemperatur über oder unter dem Wert $M_{\varepsilon=1}$ liegt. Wird zum Beispiel eine zu geringe Umgebungsstrahlungstemperatur als Einstellwert der Kamera angesetzt, steigt die im Messgerät angezeigte Temperatur (vgl. Abbildung 2-30).

Im Fall einer zu hoch angenommenen Umgebungsstrahlung (vgl. Abbildung 2-31) steigt auch der Anteil der reflektierten Strahlung an; der Messwert liegt gegenüber der realen Temperatur zu niedrig.

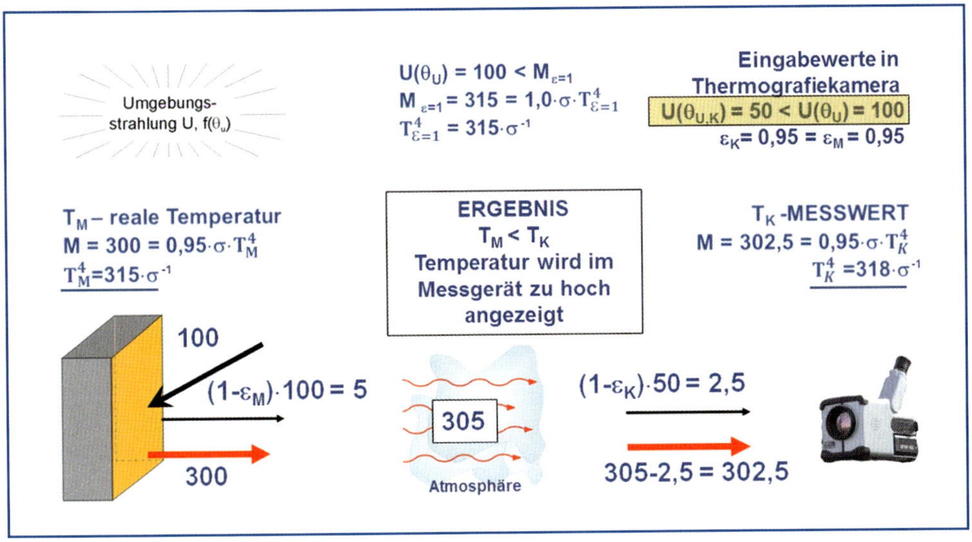

Abbildung 2-30 Auswirkungen auf die Zahlenwerte der Strahlungsbilanz zur Bestimmung der Eigentemperatur θ_M, hier für den Fall:

- richtig angesetzter Emissionsgrad ε_K
- Umgebungsstrahlung < maximale Ausstrahlung M, die bei der Messobjekttemperatur unter Ansatz $\varepsilon = 1$ auftritt
- zu **klein** eingegebene Umgebungsstrahlung

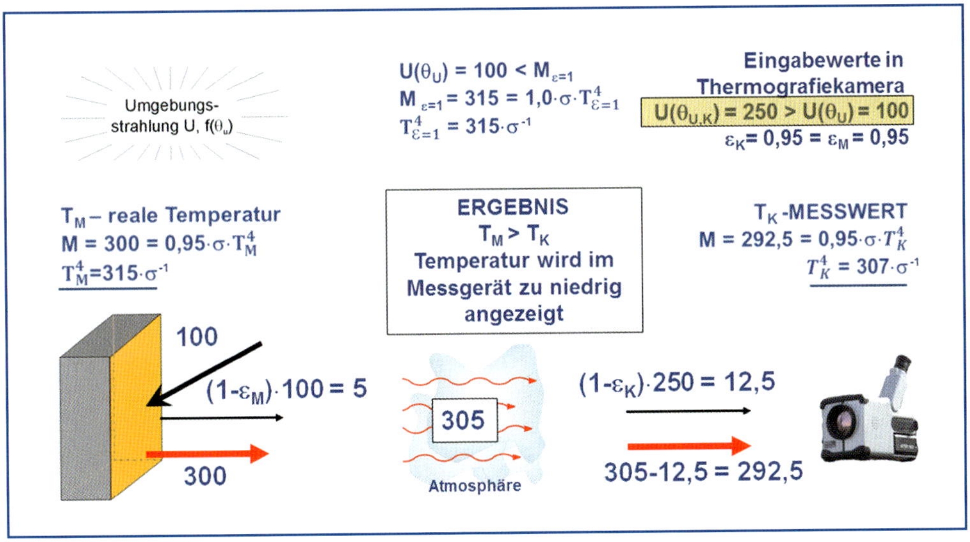

Abbildung 2-31 Auswirkungen auf die Zahlenwerte der Strahlungsbilanz zur Bestimmung der Eigentemperatur θ_M, hier für den Fall:

- richtig angesetzter Emissionsgrad ε_K
- Umgebungsstrahlung < maximale Ausstrahlung M, die bei der Messobjekttemperatur unter Ansatz $\varepsilon = 1$ auftritt
- zu **groß** eingegebene Umgebungsstrahlung

Auswirkungen im Fall der eingegebenen Umgebungsstrahlungstemperatur gleich $M_{\varepsilon = 1}$

Beträgt die Umgebungsstrahlung genau den Wert der Strahlung, die bei der herrschenden Messobjekttemperatur unter Ansatz des Emissionsgrades eines schwarzen Körpers ($\varepsilon = 1$) auftreten würde, ist das Messergebnis unabhängig vom eingestellten Emissionsgrad. In allen Fällen wird unabhängig vom eingestellten Emissionsgrad die korrekte Oberflächentemperatur ermittelt (vgl. Abbildung 2-32 und Abbildung 2-33).

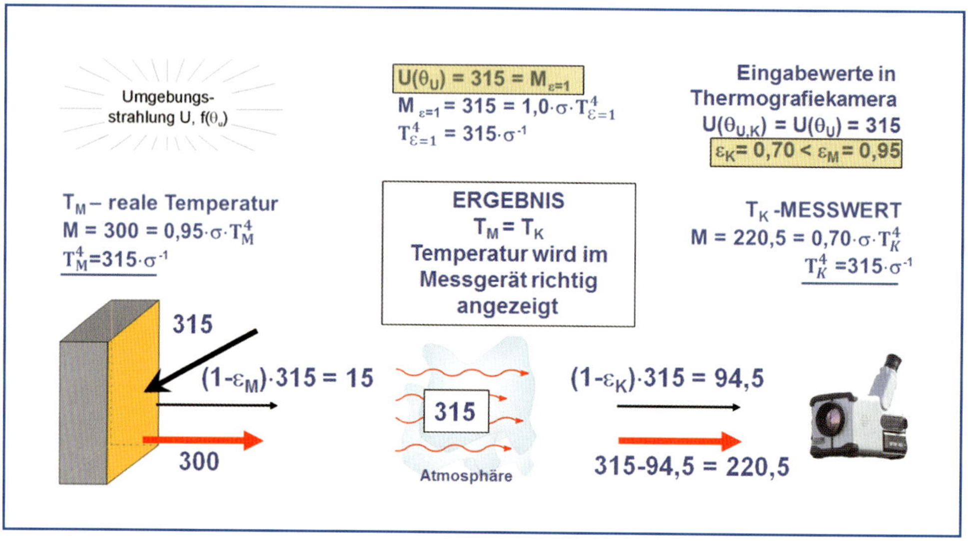

Abbildung 2-32 Zahlenwerte der Strahlungsbilanz zur Bestimmung der Eigentemperatur θ_M, hier für den Fall:

- zu klein angesetzter Emissionsgrad ε_K
- Umgebungsstrahlung = maximale Ausstrahlung M, die bei der Messobjekttemperatur unter Ansatz $\varepsilon = 1$ auftritt
- richtig eingegebene Umgebungsstrahlung

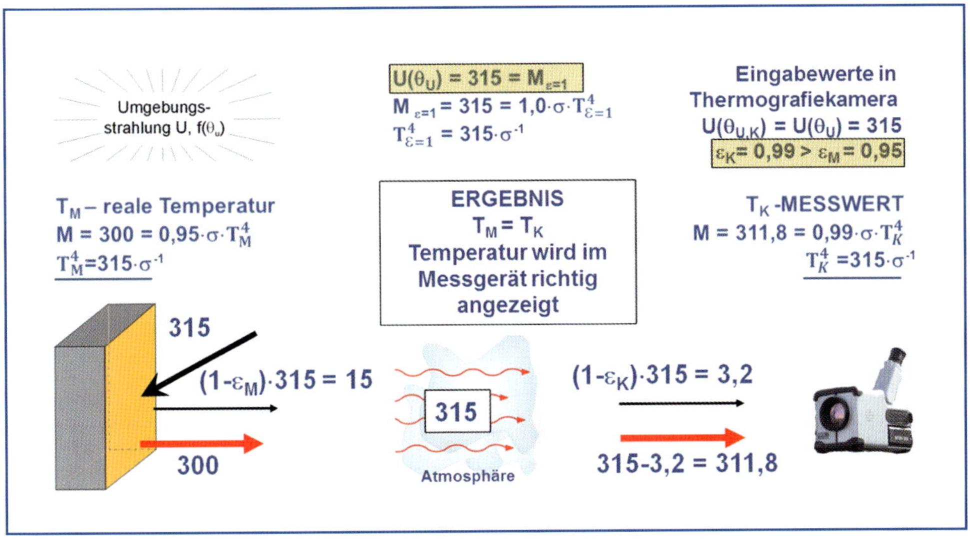

Abbildung 2-33 Zahlenwerte der Strahlungsbilanz zur Bestimmung der Eigentemperatur θ_M, hier für den Fall:

- zu **groß** angesetzter Emissionsgrad ε_K
- Umgebungsstrahlung = maximale Ausstrahlung M, die bei der Messobjekttemperatur unter Ansatz $\varepsilon = 1$ auftritt
- richtig eingegebene Umgebungsstrahlung

3 Überblick über Thermografiesysteme

3.1 Historische Entwicklung

Der Astronom William Herschel entdeckte im Jahr 1800 die für das menschliche Auge nicht sichtbare Wärmestrahlung, indem er Sonnenlicht durch ein Prisma aufteilte und jenseits des sichtbaren roten Lichtes eine Wärmestrahlung mit Hilfe eines Thermometers nachwies. Im Jahr 1830 wurden die ersten Thermoelemente entdeckt; die so genannte Thermosäule (die Anordnung einer Reihe von Thermoelementen) wurde realisiert. 1880 diente erstmals die Änderung des elektrischen Widerstandes in Abhängigkeit von der Temperatur zum Nachweis der infraroten Strahlung.

Bereits 1920 stellte man Quantendetektoren her, die ohne Umsetzung der Strahlung in Temperatur eine Messung der Infrarotstrahlung ermöglichten. Hierbei werden die auftreffenden Photonen oder Energiequanten direkt zur Signalerzeugung mit dem Detektor benutzt. Diese Entwicklung wurde vom Militär aufgegriffen und bereits 1950 in infrarotgesteuerten Lenkraketen angewendet.

1954 wurde die erste bildgebende Kamera vorgestellt, die Belichtungszeiten betrugen je nach Empfängersystem vier bis zwanzig Minuten. Bereits 1964 wurde in Schweden eine Scannerkamera mit gekühltem Indiumantimonid (InSb) Empfänger entwickelt. Diese Kamera benötigte nur noch 1/16 Sekunde zum Aufbau eines Bildes.

Etwa 1980 konnte die durch das Militär fortgeschriebene Entwicklung bei der Quantenempfängerentwicklung genutzt werden. Als Empfängermaterial kam Quecksilbercadmiumtellurid (HgCdTe) zum Einsatz, das mit Kühlung betrieben wurde und für die Spektralbereiche $\lambda = 3 - 5\ \mu m$ oder $\lambda = 8 - 14\ \mu m$ einsetzbar war.

In den 90er Jahren wurden hochauflösende, meist mit Flüssigstickstoff (LN_2) gekühlte Scannerkameras für den zivilen Markt angeboten. Durch die Fortschritte der Computertechnologie und der zugehörigen Softwareentwicklung wurde die Thermografie anwendungsfreundlicher.

Seit 2000 werden verstärkt Thermografiesysteme mit ungekühlten thermischen Empfängerarrays, so genannte FPA-Systeme (focal plane array) angeboten (vgl. Kap. 3.2.2). Diese Geräte besitzen gegenüber Einelementempfängern eine Empfängermatrix mit vielen Einzelempfängern und benötigen somit keine optomechanische Abtastung mehr. Für viele Anwendungen ist mit diesen Geräten eine sinnvolle thermische Auflösung möglich.

Zudem werden Lösungen angeboten, die mit gekühlten Quantendetektoren (HgCdTe oder QWIP-Detektoren) ausgerüstet sind. Mit diesen Geräten können hohe Messgenauigkeiten (< 10 mK) erzielt und schnelle Vorgänge messtechnisch erfasst werden (Bildwiederholrate > 1000 Hz). Insgesamt lässt sich ein Trend zu größeren Empfängerarrays, geringeren Temperaturauflösungen und höheren Bildwiederholraten feststellen. Weiterhin werden Thermografiesysteme zunehmend mit integrierten Bildsystemen im sichtbaren Bereich angeboten.

3.2 Kameratechnik und Sensorik

Nachdem etwa 1960–1965 erste bildgebende Infrarotsichtgeräte auf dem Markt waren, bestand für die praktische Anwendung der Infrarottechnik im Bauwesen die Aufgabe, die Intensität der abgestrahlten Infrarotstrahlung zu messen und die Oberflächentemperaturen zu ermitteln.

Moderne Thermografiesysteme lassen sich nach vielen Gesichtspunkten klassifizieren. Als eine grobe Klassifizierung können Kamerasysteme in

- scannende Kameraeinheiten mit einem Singledetektor bzw. einer Detektorleiste oder
- FPA - Kameras mit einer Empfängermatrix eingeteilt werden.

Bei den Detektortypen, dem eigentlichen Empfänger, kommen zwei grundsätzlich unterschiedliche Typen zum Einsatz:

- thermische Detektoren oder
- Quantendetektoren (auch Photonen- oder Halbleiterempfänger genannt).

Weiterhin können die Thermografiekameras in Abhängigkeit, in welchem Spektralbereich gemessen wird, in

- mittelwellige Geräte (per Definition von 2 bis 5 µm nach DIN 54190-3 [20]) oder
- langwellige Geräte (per Definition von 8 bis 12 µm nach DIN 54190-3 [20])

eingeteilt werden.

Thermische Detektoren, wie zum Beispiel Mikrobolometer oder pyroelektrische Detektoren, besitzen die positive Eigenschaft, auch bei Raumtemperaturen (ca. 300 K) zu arbeiten. Sie basieren auf der Eigenschaft, dass durch die auftreffende Strahlungsleistung eine direkte thermische Erwärmung entsteht und dadurch das elektrische Signal verändert wird (Widerstandsänderung beim Bolometer, Ladungsänderung beim pyroelektrischen Empfänger).

Um Infrarotstrahlung zu detektieren, müssen thermische Detektoren nicht gekühlt werden; bei einigen Geräten ist eine Temperaturstabilisierung der Empfänger vorhanden. Nachteil der thermischen Detektoren gegenüber Quantendetektoren ist das geringere Nachweisvermögen der Strahlung (spezifische Detektivität). Auf Grund der thermischen Masse der thermischen Detektormaterialen vergeht eine gewisse Ansprechzeit beim Detektieren, sodass sehr schnelle Temperaturänderungen mit diesen Detektoren eingeschränkter erfasst werden können (Bedeutung bei Industrieprozessen und Forschung). Der typische Wert für die thermische Auflösung, das heißt die kleinste unterscheidbare Temperaturdifferenz (NETD, vgl. Abschnitt 3.3), beträgt bei diesen Detektortypen etwa 0,1 K oder besser.

Quantendetektoren nutzen zur Detektion der Infrarotstrahlung den inneren fotoelektrischen Effekt und fungieren somit als Photonenzähler. Beim Auftreffen von Strahlung tritt bei diesen Detektoren eine sofortige Widerstandsänderung ein, die Messung kann somit sofort und schnell erfolgen. Quantendetektoren besitzen gegenüber thermischen Detektoren auch eine höhere spezifische Detektivität (Empfindlichkeit) und sind im Allgemeinen rauschärmer. Diese Eigenschaften sind aber nur zu erreichen, wenn sie auf sehr tiefe Betriebstemperaturen (z. B. 77 K = –196 °C) abgekühlt werden. Der typische Wert für die thermische Auflösung (NETD, vgl. Abschnitt 3.3) reicht bei diesen Detektortypen bis etwa 0,01 K und besser.

3.2.1 Scanner-Thermografiesysteme

Scanner-Kameras sind mit einem Einelementdetektor ausgestattet. Damit ein Bild entstehen kann, muss mit einem optomechanischen Ablenksystem, dem Scanner, das zu untersuchende Objekt in einer Art Raster abgetastet (gescannt) werden. Zum Aufbau eines Scanner-Systems gibt es verschiedene Möglichkeiten, in der Literatur werden Abtastkonstruktionen mit ebenen Planspiegeln (Schwingspiegeln), Spiegelpolygonen oder Polygonprismen beschrieben [17]. Allen Systemen ist gemeinsam, dass das Bild durch eine vertikale und horizontale Abtastung zeilenweise aufgebaut wird.

Die fokussierten Strahlen werden auf einen infrarotempfindlichen Einzelempfänger bzw. auf eine mit mehreren Empfängern bestückte Detektorleiste (linienförmig angeordnete Empfänger) geschickt. Dort werden die Signale detektiert, verstärkt und über eine Rechnereinheit zu einem Gesamtbild zusammengesetzt.

Vorteil der scannenden Kameras ist die hohe thermische Auflösung. Bei den Einelement-Empfängern wird jeder einzelne Bildpunkt mit ein und demselben Detektor aufgenommen. Da jeder Bildpunkt mit dem gleichen Detektor in eine Temperatur umgerechnet

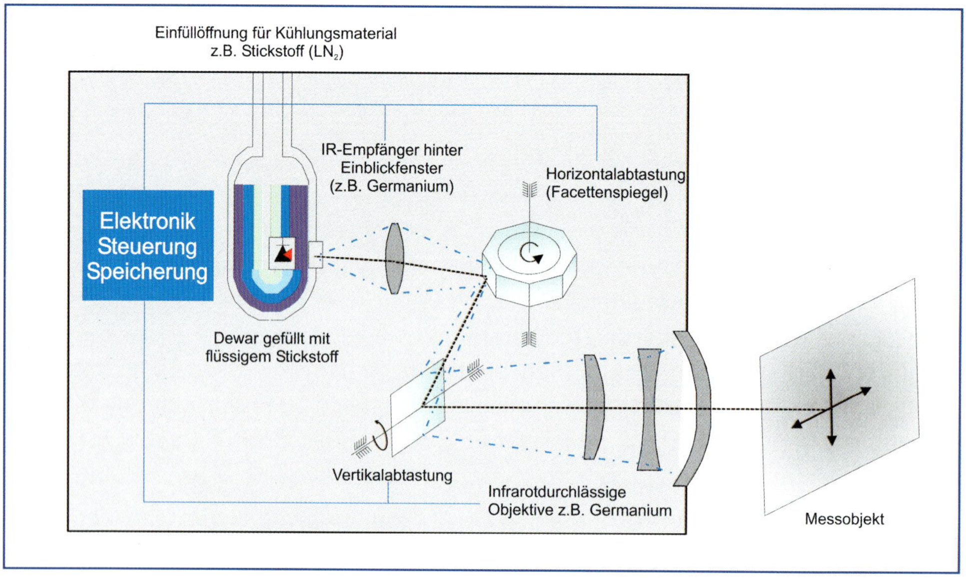

Abbildung 3-1 Schematische Darstellung der Bilderzeugung bei einer stickstoffgekühlten Scannerkamera

wird, weist die entstehende Thermografie eine gute Homogenität auf. Bedingt durch die optomechanische Abtastung der aufzunehmenden Bilder ist der Bildaufbau bei diesen Kameratypen als recht langsam anzusehen und liegt etwa im Bereich von einer Sekunde pro Bild.

Die bei Scanner-Kameras verwendeten Detektoren bestehen meist aus Quantendetektoren, wie z. B. Cadmium-Quecksilber-Tellurid (HgCdTe = CMT). Die Auswahl der Detektoren ist hierbei auf das Ausstrahlungsmaximum in einem bestimmten Wellenlängenbereich ausgerichtet. Zur Sicherstellung einer guten Detektivität des Empfängers und Verringerung des Eigenrauschens in diesem Wellenlängenbereich ist eine Kühlung notwendig.

Zur Kühlung der Detektoren sind in der Bauthermografie drei unterschiedliche Kühlprinzipien gebräuchlich:

- offene Kühlung mit flüssigen Gasen (meist Stickstoff, Labor: Helium) in einem zwangsweise senkrecht stehenden Dewar
- Kühlung mit einer Stirling-Kühlmaschine
- thermoelektrische Kühlung mit Peltierelementen.

Flüssiggaskühlung

Verflüssigte Gase – in der Praxis der Bauthermografie kommt Stickstoff zum Einsatz – werden in ein Dewar-Gefäß[3] gefüllt. Am Boden des Dewars befindet sich der zu kühlende

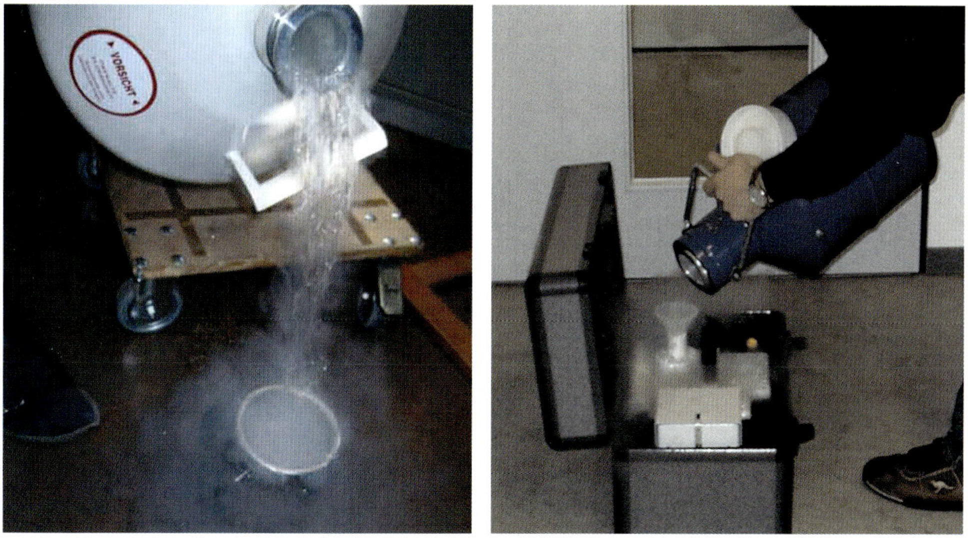

Abbildung 3-2 Stickstoffkühlung – Abfüllen vom Lagertank und Befüllung einer Thermografiekamera mit flüssigem Stickstoff

3 benannt nach Sir Dewar, der die doppelwandigen, wärmedämmenden Gefäße (Vakuummantel und Verspiegelung) entwickelt hat

Detektor, wobei der Strahlengang zum Detektor durch infrarotdurchlässige Fenster gewährleistet ist. Die Verdampfungswärme des eingebrachten Gases hält den Empfänger sehr konstant auf dem Temperaturniveau der Siedetemperatur (-196 °C = 77 K bei Stickstoff). Ein Nachteil dieses Verfahrens ist der Umgang mit dem Flüssiggas (Transport und Lagerung) und die notwendige senkrechten Haltung des Dewargefäßes. Die in der Bauthermografie oft notwendige Betrachtung eines Objektes aus geneigten Blickrichtungen ist nur sehr eingeschränkt möglich. Eine Flüssiggasfüllung ermöglicht bei üblichen Geräten Einsatzdauern von ca. vier bis zehn Stunden.

Kühlung mit Stirling-Maschine

Der Stirling-Kühler ist eine mechanisch betriebene Kältemaschine, die durch thermodynamische Kreisprozesse Kälte erzeugt. Die Entwicklung der Stirling-Kühler wurde maßgeblich durch die Militär- und Raumfahrttechnik vorangetrieben. Zur Herabsetzung der Vibrationsbelastungen werden Stirling-Kühler mit Linearantrieben ausgeführt. Zudem sind die Arbeitsräume gesplittet, sodass an einem der zwei Zylinder die Kälte entsteht (»kalter Finger«). Das Arbeitsgas wird über eine Verbindungsleitung zwischen den Zylindern transportiert. Die Abbildung 3-3 zeigt einen gesplitteten Stirling-Kühler. Stirling-Kühler erzeugen eine Kälteleistung von 1–2 Watt, die hierfür notwendige Leistungsaufnahme beträgt 40–90 Watt. Bei Inbetriebnahme einer Thermografiekamera mit Stirling-Kühler muss für das Abkühlen auf die Betriebstemperatur (77 K) etwa 10–20 Minuten gewartet werden. Stirling Maschinen unterliegen einem mechanischen Verschleiß, die Betriebszeiten betragen nach [17] bis 80.000 Stunden.

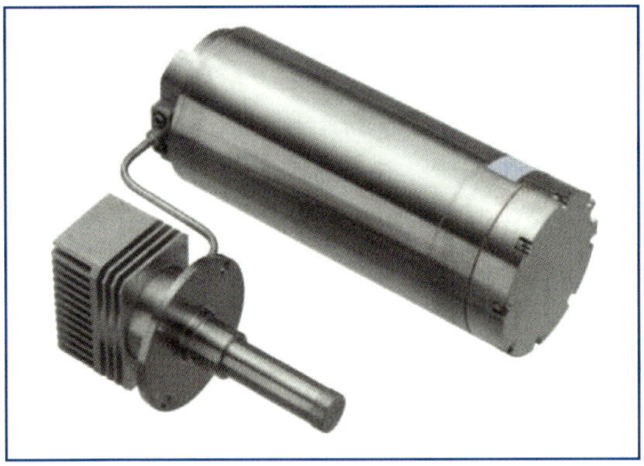

Abbildung 3-3 Stirling-Kühler - linearangetriebene, gesplittete Ausführung (Quelle: Fa. AIM GmbH, Heilbronn 2003), 1,5 Watt Kühlleistung (links: cold tip = kalter Finger, Ø 13,7 mm)

Kühlung mit Peltier-Elementen

Die thermoelektrische Kühlung nutzt den Peltier-Effekt[4]. Bei diesem Effekt wird ausgenutzt, dass beim Zusammenbringen von bestimmten Metallen und der Durchleitung eines elektrischen Gleichstroms eine Kontaktstelle abkühlt, während sich die andere er-

[4] thermoelektrischer Effekt, nach dessen Entdecker J.C. Peltier benannt, veröffentlicht 1834

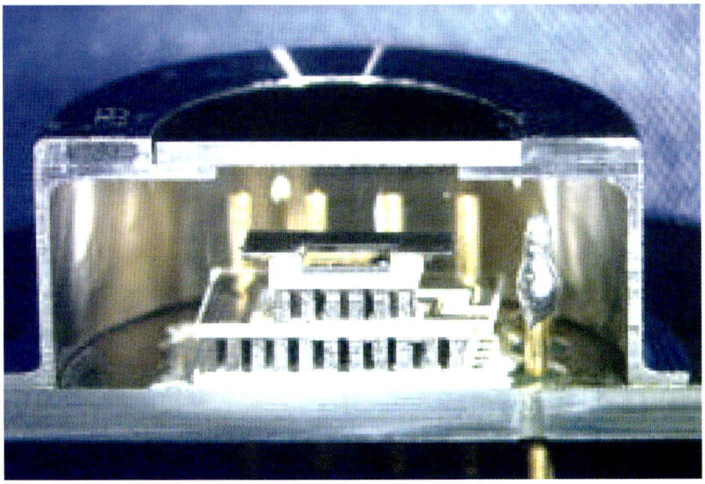

Abbildung 3-4 Schnittdarstellung IR-Empfänger, Darstelllung eines mehrstufigen Peltierkühlelementes. Oben befindet sich der IR-Detektor, das Gehäuse ist im »Sichtbereich« des Detektors mit einer IR-durchlässigen Scheibe überdeckt. (Quelle: Fa. AIM GmbH, Heilbronn)

wärmt. Peltier-Elemente können mehrstufig angeordnet sein, um den Abkühlprozess zu verstärken. Peltier-Elemente erreichen nicht so tiefe Temperaturen wie die obigen Varianten, sind aber sehr zuverlässig und langlebig.

3.2.2 Focal-Plane-Array-Thermografiesysteme

Insbesondere in den letzten Jahren werden für Thermografiesysteme verstärkt **F**ocal-**P**lane-**A**rray (FPA)-Kameras eingesetzt. Beim Einsatz dieses Detektortyps wird die einfallende Infrarotstrahlung auf eine Detektormatrix mit vielen einzelnen Empfängersensoren gelenkt. Das zeilenweise Abscannen des Bildes und die entsprechende optomechanische Technik entfallen bei diesen Kameratypen.

Vorteil der FPA-Kameras ist die zu erzielende schnelle Bildfolge. Aufgrund der vielen einzelnen Empfänger auf der Matrix und der damit verbundenen verschiedenen Wandlerkennlinien kann es zu Ungleichförmigkeiten der einzelnen Mess-punkte kommen. Zur Charakterisierung der Detektormatrix kann der Füllfaktor herangezogen werden. Dieser beschreibt das Verhältnis der strahlungsempfindlichen zur gesamten Detektorfläche eines FPA. FPAs mit einem hohen Füllfaktor erzeugen meist ein homogeneres Bild, können aber auch anfälliger für ein Überblenden (gegenseitige Beeinflussung benachbarter Detektoren) sein. Die oben beschriebenen Störeffekte werden durch kameraintegrierte Inhomogenitäts-Korrekturen (engl. NUC – **N**on **U**niformity **C**orrection) und eine thermische Stabilisierung des Detektors ausgeglichen.

Je nach Einsatzzweck und angestrebter Genauigkeit werden FPA-Kameras mit den unterschiedlichen Detektorprinzipien (thermischer Detektor, Quantendetektor) bzw. als un-

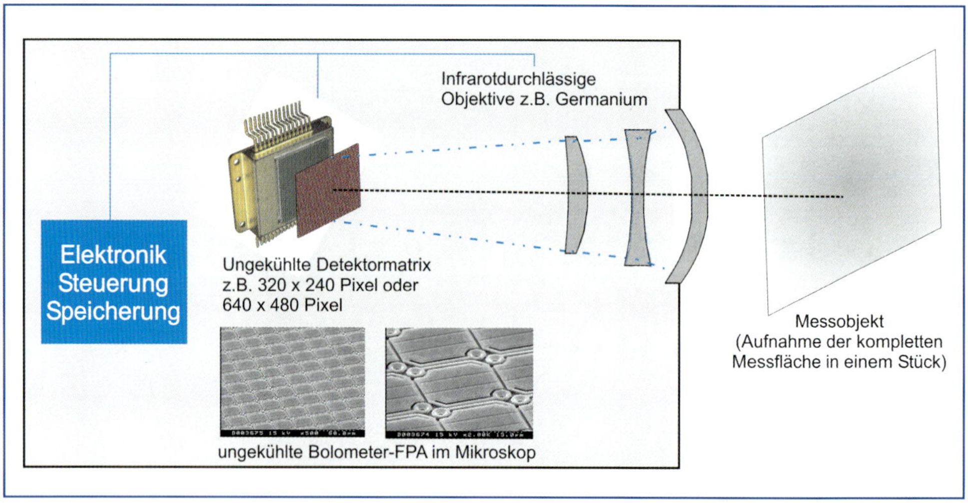

Abbildung 3-5 Bilderzeugung bei einer FPA-Kamera

gekühlte und gekühlte Kameras auf dem Markt angeboten. Unter bestimmten Bedingungen unterliegen die FPA-Detektoren teilweise den Regeln zur Ausfuhr von Gütern und Technologien mit doppeltem Verwendungszweck, so dass Restriktionen wie z. B. eine personalisierte Verwendung vorgegeben sind. Hierbei sei angemerkt, dass aufgrund der Ausfuhrbestimmungen auch Angaben zu den absoluten Genauigkeiten der FPA-Detektoren vorgesehen sind.

Die insbesondere in letzter Zeit recht stürmische Entwicklung der ungekühlten thermischen FPAs führte zur Erhöhung der geometrischen Auflösung auf derzeit 640 × 480 Pixel und einer thermischen Auflösung, das heißt die kleinste unterscheidbare Temperaturdifferenz, von etwa 0,05 K (50 mK) oder besser. Weiterhin wurden durch die Anwendung der MEMS (mikroelektronisch-mechanische Systeme) auch Systeme marktreif, die eine höhere geometrische Auflösung generieren können.

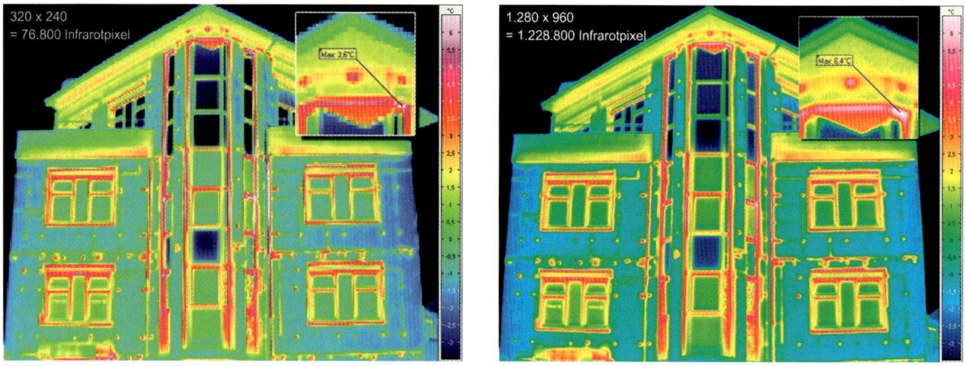

Abbildung 3-6 Mit unterschiedlichen geometrischen Auflösungen aufgenommene Thermogramme eines Gebäudes. Die sehr hohe Auflösung im rechten Thermogramm wird durch eine Zusatztechnik (Resolution Enhancement) erreicht. (Quelle: InfraTec GmbH)

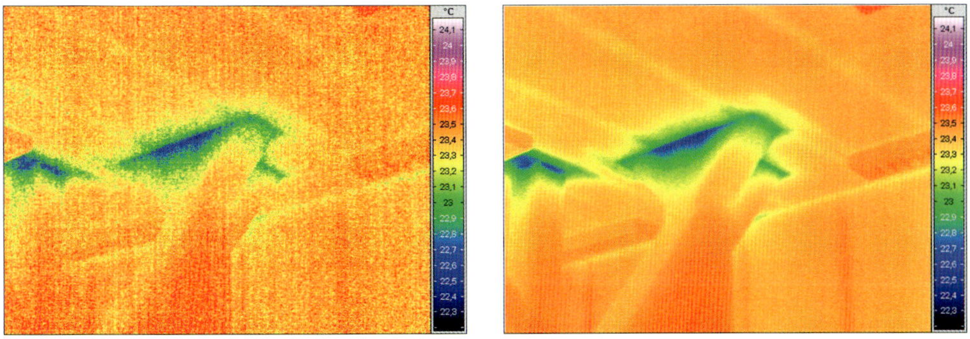

Abbildung 3-7 Vergleich einer mit unterschiedlichen thermischen Auflösungen aufgenommenen Konstruktion, links: thermische Auflösung 80 mK, rechts: 30 mK (Quelle: InfraTec GmbH)

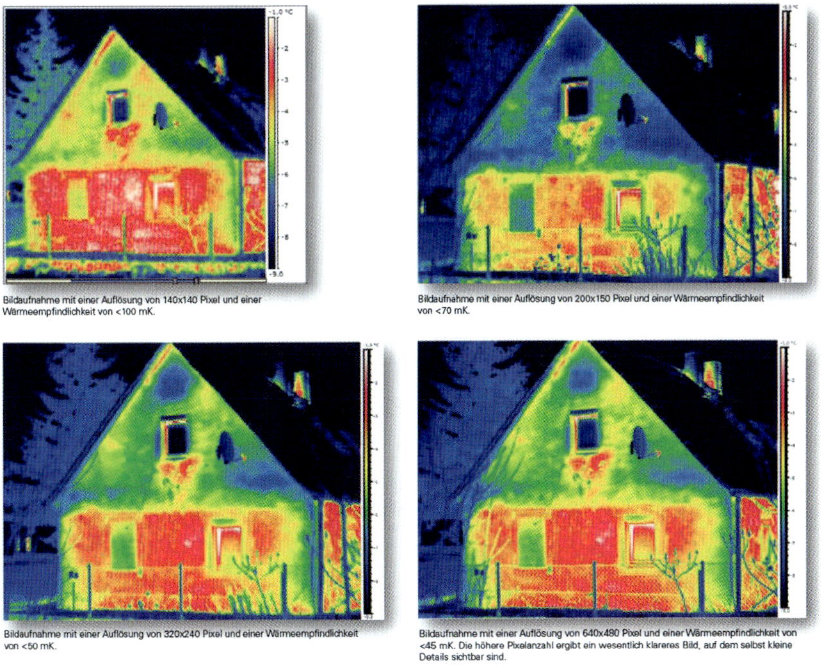

Abbildung 3-8 Mit unterschiedlichen thermischen und geometrischen Auflösungen aufgenommene Thermogramme eines Gebäudes (Quelle: FLIR Systems GmbH)

3.3 Beurteilungskriterium zur thermischen Auflösung

Bei der Auswahl von Thermografie-Kameras ist die Wahl des Temperaturmessbereichs wichtig. Dieser beschreibt hierbei die Spanne zwischen der niedrigsten und der höchsten mit der IR-Kamera messbaren Objekttemperatur und sollte aus Gründen der Vergleichbarkeit auf die Messung am schwarzen Körper bezogen sein. Für die in der Bauthermografie anfallenden Aufgabenstellungen sollte der empfohlene Temperaturmessbereich im Bereich von -30 °C bis etwa +100 °C liegen. Falls an den Temperaturmessbereich besondere Anforderungen gestellt werden, kann bei den professionellen Anbietern von IR-Systemen der standardmäßige Temperaturmessbereich meist erweitert bzw. angepasst werden.

IR-Kameras können anhand ihrer thermischen Auflösung spezifiziert werden. Diese gibt die kleinste von der IR-Kamera unterscheidbare Temperaturdifferenz an. Temperatur- bzw. Strahlungsunterschiede unterhalb der angegebenen thermischen Auflösungsgrenze können von den IR-Systemen nicht mehr dargestellt werden. In der Praxis hat eine bessere thermische Auflösung ein homogeneres, klareres und somit detailreicheres Bild zur Folge.

Die international gebräuchliche Abkürzung für die thermische Auflösung wird bei einer Objekttemperatur von 30 °C (da die Auflösung mit der Objekttemperatur schwankt) und einer spezifizierten Bildwiederholrate ohne Mittelwertbildung als

NETD: **N**oise **E**quivalent **T**emperature **D**ifference [K]
(deutsch: Rauschäquivalente Temperaturdifferenz)

bezeichnet. Üblicher Standard ist bei heutigen Thermografiesystemen (Stand 2012) ein NETD von 0,01 K (gekühlte Quantendetektoren) bis < 0,02–0,1 K (ungekühlte thermische Detektoren).

3.4 Optische Elemente – Linsensysteme

Thermografiesysteme besitzen optische Elemente, wie zum Beispiel Linsen, Spiegel oder Prismen usw., mit denen eine verkleinerte Abbildung der abgestrahlten Infrarotstrahlung auf das Empfängersystem trifft. Wie bereits in den physikalischen Grundlagen in Abschnitt 2 beschrieben, sind herkömmliche optische Materialien aus Glas für langwellige Wärmestrahlung nicht transparent. Für Thermografiesysteme werden daher Linsen und optische Schutzfenster aus infrarotdurchlässigen Materialien, wie zum Beispiel Silizium (Si) oder Germanium (Ge) gefertigt. Zur Erhöhung der Transmissionsgrade können die Linsen zusätzlich mit Antireflexbeschichtungen versehen werden. Spiegel, die die auftreffende Strahlung möglichst vollständig reflektieren sollen, bestehen aus glänzenden Metallen oder werden mit einer Goldbedampfung ausgeführt.

Abbildung 3-9 Thermografiekameras bei einer Vergleichsmessung (links: mit Stirling-Kühler ausgerüstete, scannende Einelemente-Kamera, rechts: ungekühlte Micro-Bolometerkamera, jeweils 320 × 240 Pixel)

Zur Charakterisierung des optischen Systems einer IR-Kamera werden folgende Größen angegeben:

FOV: **F**ield **O**f **V**iew [Grad]
(deutsch: Bildfeld, Blickfeldwinkel).

Die Angabe FOV bezeichnet den von einem IR-System (Kamera mit Objektiv) erfassten Bildausschnitt und hängt von der Art der IR-Kamera (Scanner- oder FPA-Prinzip) und den verwendeten Objektiven (Brennweite) ab.

Das Bildfeld der in der Bauthermografie verwendeten IR-Systeme beträgt standardmäßig etwa 20° bis 30° (horizontal) und 15° bis 20° (vertikal). Mit kleineren FOV-Werten wird das Bildfeld geringer, bei größeren Werten größer.

Derzeit sind die auf dem Markt befindlichen Thermografiesystemen standardmäßig mit einem Festobjektiv mit Fokussiereinrichtung ausgestattet. Durch aufsteckbare Zusatzobjektive fester Brennweite kann das optische Sichtfeld den jeweiligen Erfordernissen angepasst werden. Dies kann beispielsweise notwendig werden, wenn weite Entfernungen überbrückt werden müssen (Einsatz Teleobjektiv) oder das Sichtfeld bei Platzproblemen oder besonders nah zu fokussierenden Objekten mit hoher Tiefenschärfe erweitert werden soll (Weitwinkelobjektiv). Da Wechselobjektive meist recht teuer sind, sei ergänzend darauf hingewiesen, dass auch von einem Hersteller eine Software angeboten wird, mit der Einzelbilder zu einem Gesamtbild zusammengeführt werden können. Hierbei werden die radiometrischen Datenhintergründe der einzelnen Teilbilder vollständig übernommen, sodass das zusammengesetzte Bild weiter bearbeitet werden kann.

Neben dem Bildfeld ist auch der Bildfeldwinkel eines einzelnen Detektorelementes von Bedeutung. Dieser wird als

IFOV: **I**nstantaneous **F**ield **O**f **V**iew [mrad]
(deutsch: Blickfeldwinkel des einzelnen Detektors)

oder »detector footprint« (Detektor-Fußabdruck) bezeichnet und spezifiziert, wie groß ein Einzelfleck in [mm] ist, der bei einer Objektentfernung von 1 m jedem einzelnen Detektor vom entstehenden Bild zugeordnet ist. Multipliziert man die Angabe IFOV [mrad] mit der Objektentfernung in [m] und einem Korrekturwert für die verwendete Optik, so wird die geometrische Größe des kleinsten Messflecks berechnet.

Die genauen Werte zur geometrischen Auflösung sind je nach Kameramodell und Objektiv den technischen Anleitungen des Herstellers der Infrarotsysteme zu entnehmen. Übliche Kamerasysteme für die Bauthermografie sollten ein IFOV von < 1,5 mrad [30] bzw. < 2 mrad (nach [40]) besitzen. Bei scannenden Kamerasystemen ist es je nach Ausbildung des Scanners möglich, einen so genannten elektrooptischen Zoom zu generieren, mit dem eine Bildvergrößerung unter Beibehaltung der Messfleckgröße möglich ist. Zudem

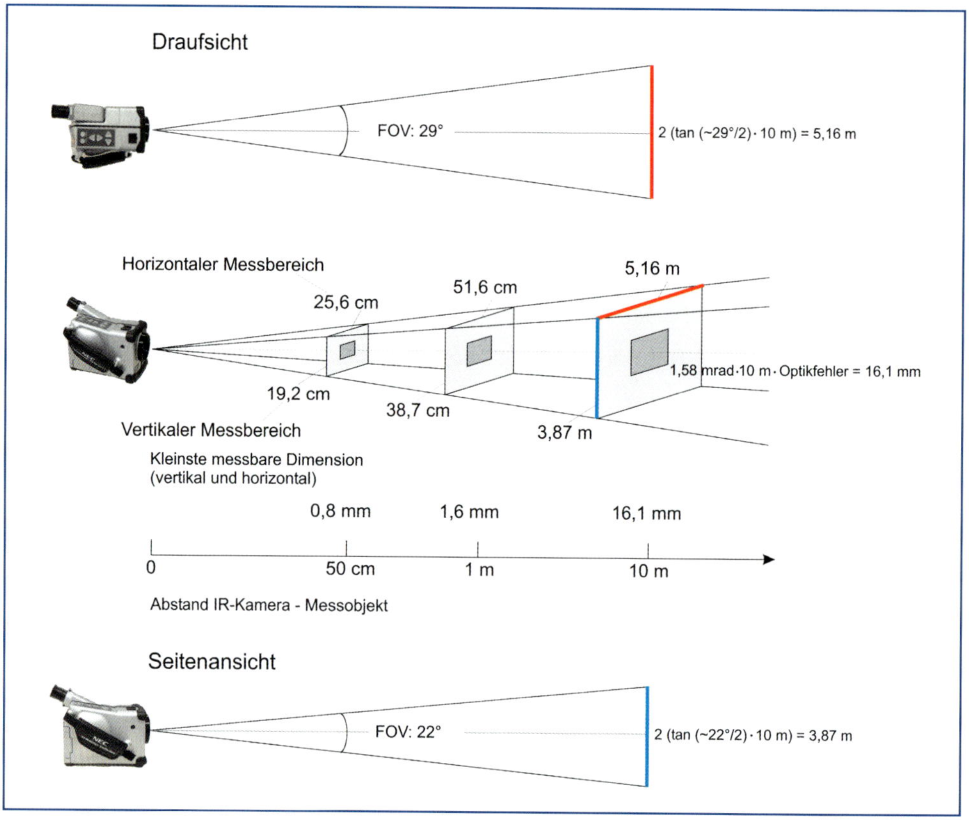

Abbildung 3-10 Erläuterungen zur geometrischen Spezifikation von IR-Kamera-Systemen (FOV und IFOV), beispielhafte Darstellung, vgl. [31]

wird bei scannenden Kamerasystemen die geometrische Auflösung mit Hilfe der Spaltfunktion (SRF) angegeben (vgl. dazu auch [19]).

In Abbildung 3-10 sind beispielhaft die Herstellerangaben zum Sichtfeld (FOV) und der Messfleckgröße (IFOV) für ein FPA-Kamerasystem angegeben.

Interessant ist bei der Aufnahme von Thermogrammen die Angabe von IFOV bzw. die Kenntnis der Größe des Messflecks, wenn kleine »wärmere« Details bei größeren Messstrecken genau bestimmt werden sollen. Ist der Messfleck größer als das wärmere Detail, wird vom Detektor die restliche Fläche des Messfleckes mit der Strahlung des kühleren Bereichs zur Mittelwertbildung herangezogen. Für genauere Messaufnahmen des Detailbereichs darf der Messfleck maximal gleich groß wie das Detail sein, besser ist jedoch eine wesentlich kleinere Messfleckgröße. Ein Beispiel zur Wirkung des Abstandseffekts wird in Abschnitt 7.5.2 und Abschnitt 8.2.1 gezeigt.

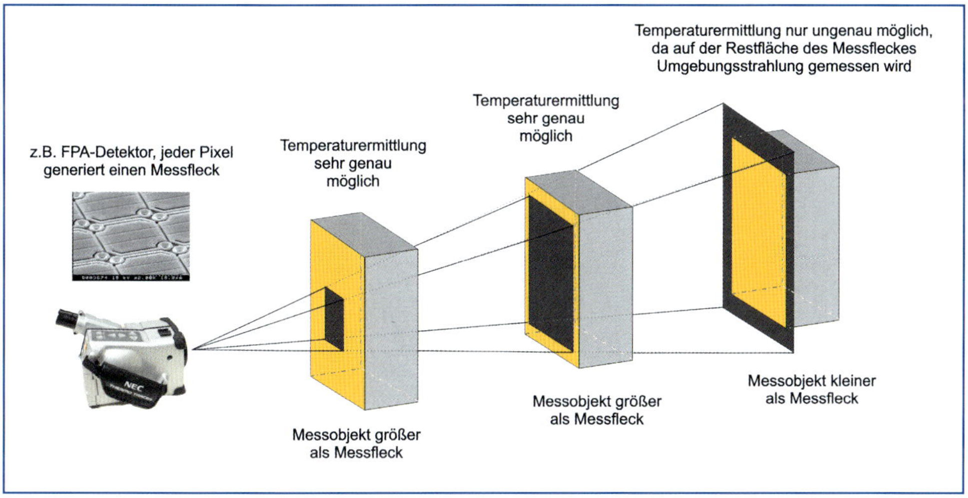

Abbildung 3-11 Erläuterungen zur Messfleckgröße

3.5 Darstellung der Thermogramme, Speicherung und Verarbeitung

Die Thermografieaufnahmen werden vollradiometrisch, das heißt mit allen Angaben zur detektierten Einstrahlung in jedem Pixel aufgezeichnet. Zur übersichtlichen Darstellung und Auswertung der Aufnahmen werden den berechneten Temperaturen Farbtöne zugewiesen, sodass eine so genannte Fehlfarbendarstellung entsteht.

Die Farbtöne der Thermografien können so gewählt werden, dass Details optimal dargestellt werden. Dies führt jedoch dazu, dass gleiche Farben in unterschiedlichen Bildern nicht zwangsläufig gleiche Temperaturen bedeuten müssen. Qualitativ werden jedoch im Allgemeinen die Farbtöne so gewählt, dass schwarze, blaue und grüne Farben geringere

Temperaturen bedeuten, während mit zunehmenden Temperaturen gelbe, orange und rote Töne auftreten. Temperaturen, die unterhalb oder oberhalb des eingestellten Temperaturbereichs liegen, können z. B. durch weiße oder schwarze Flächen gekennzeichnet werden.

In der Thermografie werden herstellerabhängig verschiedene Farbpaletten angeboten, die nach Zweck der Aufgabenstellung gewählt werden. Durch die freie Auswahl der Temperaturober- und Untergrenze ist es möglich, auch Oberflächentemperaturdifferenzen zur Umgebung von < 1 K allein durch die Farbwirkung so erscheinen zu lassen, als träten hier große Wärmeverluste auf. Eine Thermografie darf also ausschließlich unter Berücksichtigung der zu jedem Bild gehörenden Farbtemperaturskala und den zum Messzeitpunkt herrschenden Randbedingungen beurteilt werden. Insbesondere bei »Reihenbildaufnahmen« sollten zur Vergleichbarkeit von Aufnahmen möglichst einheitliche Zuordnungen von Farben und Temperaturen gewählt werden.

Eine Auswahl unterschiedlicher Temperaturskalen des für die Thermogramme in diesem Buch verwendeten Programmsystems zeigt die Abbildung 3-13.

Da in den Thermogrammen die Temperaturen für jeden Pixel einzeln gespeichert sind, kann die Darstellung natürlich auch nachträglich geändert werden.

Bei der Wahl der Farbskala werden bislang keine reglementierenden Vorgaben getroffen. Die Erfahrungen der letzten Jahre zeigten aber, dass die Farbwirkung emotional bewertet wird und zumindest bei den fachlich eher als Laien zu bewertenden Auftraggebern mit der Assoziation rot = schlecht in Verbindung gebracht wird, obwohl dies inhaltlich nicht begründet ist. Zudem wird auch zunehmend von den Dienstleistern erkannt bzw. diskutiert, dass eine einheitliche neutrale Gestaltungsregel eine Vergleichbarkeit der Aufnahmen erleichtern würde.

Zur Umsetzung dieser Erkenntnisse wurde z. B. in der Schweiz im Rahmen eines staatlich geförderten Forschungsprojektes an der Entwicklung eines Auswertetools (QualiThermo) gearbeitet. Mithilfe dieses Tools sollen Musterthermogramme (Referenzther-

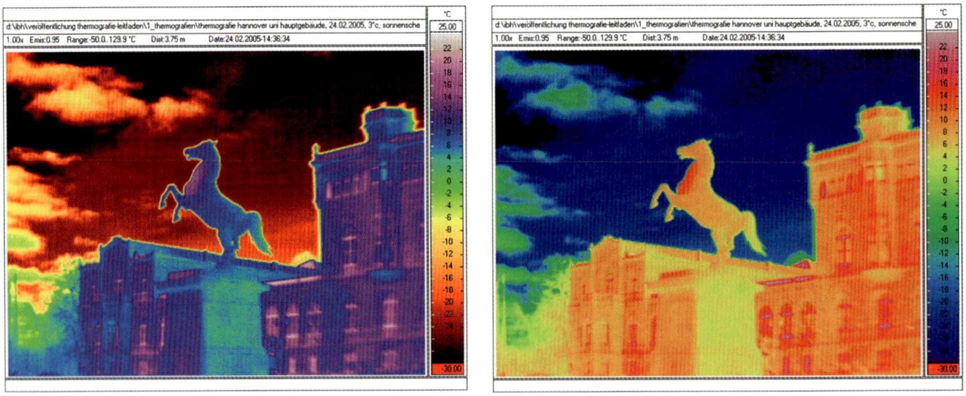

Abbildung 3-12 Dasselbe Thermogramm ist in unterschiedlichen Temperaturskalen dargestellt und kann allein durch die Farbgebung einen unterschiedlichen subjektiven Eindruck hinterlassen.

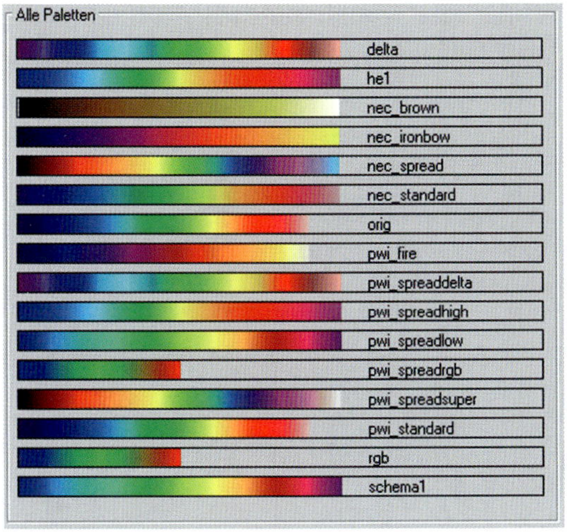

Abbildung 3-13 Mögliche Temperaturskalen einer handelsüblichen Auswertesoftware

mogramme) erstellt werden, die einen Vergleich von Thermogrammen ermöglichen sollen, die unter verschiedenen meteorologischen Randbedingungen angefertigt wurden (vgl. [5]).

Weiterhin wird zum Beispiel in [23] vorgeschlagen, folgende Gestaltungsregel für die Darstellungsneutralität anzuwenden:

- Die Skalierung sollte bei ca. 0,7 · Temperaturdifferenz ($\theta_i - \theta_e$) eingestellt werden.
- Alle Thermogramme sollten dieselbe Farbpalette nutzen, Doppelbelegungen von Farben sind zu vermeiden.
- Bei Außenthermogrammen sollte die Außenlufttemperatur etwa bei 20 % der Skala angeordnet sein.
- Bei Innenthermogrammen sollte die Innenlufttemperatur bei etwa 60 % der Skala liegen.

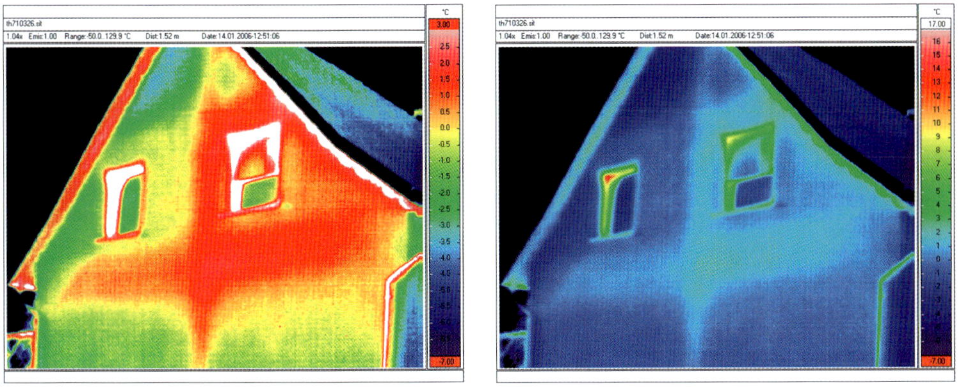

Abbildung 3-14 Dasselbe Thermogramm ist in unterschiedlichen Temperaturskalen dargestellt und kann allein durch die Farbgebung einen unterschiedlichen subjektiven Eindruck hinterlassen.

Exemplarisch ist in Abbildung 3-15 ein nach den obigen Vorschlägen skaliertes Thermogramm gezeigt. Die weitere Praxis wird zeigen, ob die Vorschläge zur Darstellungsneutralität in Zukunft angenommen werden.

Aufnahmedatum	Temperaturrandbedingungen		weitere Informationen
	Außenlufttemperatur	Innenlufttemperatur	
14.01.2006 mittags	ca. -4 °C	ca. +20 °C	kaltes Klima über ca. 8 Tage. Anwendung der Gestaltungsregeln nach [23], Temperaturdifferenz: 26 K Skalierung: 0,7 · 26 K = 18,2 K (-7,6 °C bis +10,6 °C) Lage der Außentemperatur bei etwa 20 % der Skala

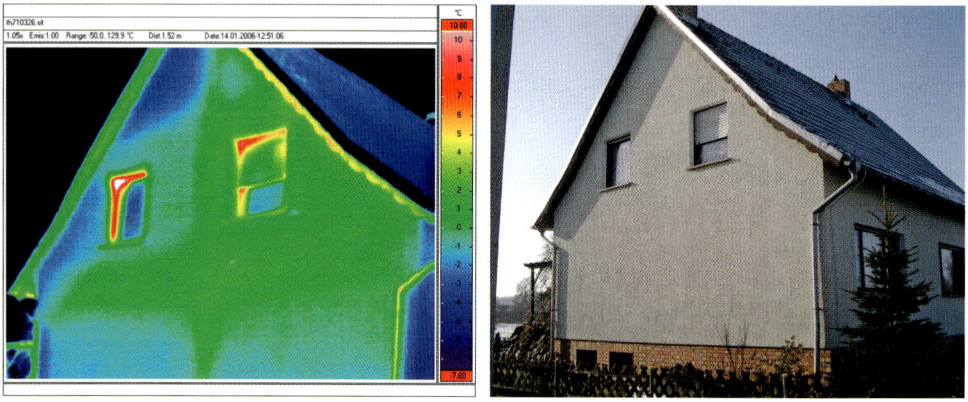

Abbildung 3-15 Thermogramm skaliert unter Anwendung von neutralen Gestaltungsregeln zur Darstellung von Thermogrammen nach [23]

4 Vorschriften, Richtlinien und Normen

Im Bereich des Themengebietes »Thermografie im Bauwesen« wurden und werden von verschiedenen Organisationen, Verbänden und Normungsinstituten Dokumente verfasst, die im Folgenden vorgestellt werden:

Zur Beurteilung des wärmetechnischen Verhaltens von Gebäuden und Bauteilen wurde im Jahr 1983 die internationale Norm ISO 6781 [27], die sich mit dem Nachweis von Wärmebrücken in Gebäudehüllen mit Hilfe der Infrarottechnik beschäftigt, herausgebracht. Diese ursprüngliche Norm wurde der fortgeschrittenen Entwicklung angepasst und nach europäischen Bedürfnissen modifiziert und liegt derzeit als DIN EN 13187, Ausgabe Mai 1999 [15] vor. In dieser Norm wird auf das grundlegende Prinzip der thermografischen Untersuchung von Gebäudeteilen, der Durchführung von thermografischen Untersuchungen und der Auswertung von Thermogrammen eingegangen. Dieses vom Normenausschuss Bauwesen bearbeitete Werk gibt auch spezifische Hinweise, die bei der thermografischen Untersuchung von Gebäudehüllen beachtet werden sollten.

Eine weitere Norm zum Thema Thermografie, die DIN 54190 - Thermografische Prüfung, Teil 1 bis 3 ([18], [19], [20]), wurde vom Normenausschuss »Materialprüfung« bearbeitet. In den Normenteilen wird einerseits auf allgemeine Grundlagen thermografischer Überprüfung (Vorgehen, Techniken, Anforderung an Personal usw.) und andererseits auf die Gerätetechnik (technische Details von IR-Kameras und Anforderungen an die Kamerasysteme) und die in der Thermografie verwendeten Begrifflichkeiten eingegangen.

Getragen durch die Entwicklungen im Bereich der zerstörungsfreien Prüfung wurde mit der DIN 54192, Ausgabe November 2010 [21] eine Norm der Fachwelt vorgestellt, die das Verfahren der aktiven Thermografie, mögliche Anregungsarten, Auswertetechniken und die Durchführung der Prüfungen erläutert.

Der Vollständigkeit halber sei erwähnt, dass allgemeine Angaben zur Strahlungsphysik der Infrarotthermografie in den entsprechenden Teilen der Norm DIN 5031 [14] und sehr ausführlich in VDI/VDE 3511, Blatt 4 - Technische Temperaturmessungen, Strahlungsthermometrie [29] enthalten sind. Weiterhin sei auch auf die von der ASTM (»American Society for Testing and Materials«) herausgegebenen Normen, wie z. B. ASTM C 1046 [1], ASTM C 1060a [2] und ASTM D 4788a [3] verwiesen. In diesen Publikationen werden für spezielle praktische Anwendungsgebiete der Thermografie Hinweise gegeben.

Weitere Hinweise bzw. Merkblätter zur Anwendung der Thermografie im Bauwesen wurden in Forschungsberichten (z. B. [30]) veröffentlicht oder von Fachverbänden aufgestellt (z. B. Verband für angewandte Thermografie e.V. [40], Merkblätter Deutsche Gesellschaft für Zerstörungsfreie Prüfung DGZfP [10], [11]).

Des Weiteren werden von den Fachverbänden, externen Institutionen und Zertifizierungsgesellschaften Kurse angeboten, bei denen bereits erfahrene Thermografen ihre Qualifikation und Erfahrung durch ein akkreditiertes Zertifizierungsunternehmen nachweisen können. Auch hierfür existieren Normen wie die DIN EN 473 – Qualifizierung und Zertifizierung von Personal der zerstörungsfreien Prüfung [12] und speziell für die Infrarot-Thermografie die Norm DIN 54162 – Qualifizierung und Zertifizierung von Personal im Verfahren Infrarot-Thermografie [17].

5 Genauigkeiten der in Thermogrammen angegebenen Temperaturen

Das zerstörungs- und berührungslose Messverfahren der Thermografie ist bei bekannten Randbedingungen als sehr genau zu bewerten. Die Thermografiemessungen werden allerdings im Regelfall unter den herrschenden instationären Randbedingen immer als Momentanwerte aufgenommen und ausgewertet. Nach den Regelungen der DIN EN 13187 [15] sollen die **real erstellten** Thermogramme mit der **zu erwartenden** Verteilung der Temperatur über der Oberfläche verglichen werden. Zur Ermittlung der zu erwartenden Temperaturverteilung werden die Kenntnis der wärmetechnischen Kenngrößen der Gebäudehülle sowie die relevanten Umgebungsverhältnisse der Thermogrammerstellung verlangt.

Vielfach stellt sich bei der Auswertung der Thermografie die Frage, welche Auswirkungen ein zeitlich anderer Aufnahmezeitpunkt auf das Messergebnis hätte. Dies ist begründet, da sich die einstellenden Temperaturfelder in der Wand aufgrund der Masse und Wärmekapazität der Baustoffe einstellen. Weiterhin ist zu hinterfragen, mit welchen Abweichungen bei nicht ausreichend bekannten oder falsch eingegebenen Emissionsgraden oder Umgebungsstrahlungen zu rechnen ist.

5.1 Einfluss der Wetterrandbedingungen und der Baualtersklasse von Gebäuden

Einfluss auf die Größenordnung der Messunterschiede an Wärmebrücken

Zur Beantwortung der obigen Fragestellungen wurden im Rahmen einer Diplomarbeit an der Leibniz Universität Hannover die Einflüsse der klimatischen und baulichen Randbedingungen an einer Beispielkonstruktion eingehend untersucht [24]. Hierzu wurden mit Hilfe von instationären Berechnungen an einer dreidimensional modellierten Konstruktion Variationsrechnungen zur theoretischen Untersuchung vorgenommen.

Klassifizierung des Wetters hinsichtlich der Thermografierandbedingungen

Als Außenklima wurde der Datensatz des Testreferenzjahres, Ausgabe 2010, mittlere Werte, Klimaregion 3 [8] verwendet. Für die Zusammenfassung der Wetterereignisse wurde der in [32] publizierte Ansatz der sogenannten »fiktiven Lufttemperatur« angewendet.

Die fiktive Außentemperatur lässt sich mit der folgenden Formel bestimmen:

$$\theta_{fik,\,Außen} = T_A + \frac{\alpha_{BT} \cdot G(\gamma_F, \alpha_F, N) + \varepsilon_{BT} \cdot (A(\gamma_F, \alpha_F, N) + A_R(\gamma_F, \alpha_F, N) + E_K) - \varepsilon_{BT} \cdot \sigma \cdot T_A^4}{h_r + h_c} \quad [°C]$$

mit [31]

$$h_c = 4 + 4 \cdot v_{Wind} \quad \left[\frac{W}{m^2 \cdot K}\right]$$

Darin ist:

θ	fiktive Außentemperatur [°C]
T_A	Lufttemperatur [K] = θa [°C] + 273,15 (gemessen in 2 m Höhe)
α_{BT}	kurzwelliger Absorptionsgrad der Bauteilfläche [-]
$G_{(\gamma F,\, \alpha F, N)}$	Globalstrahlungsintensität einer geneigten und beliebig ausgerichteten Fläche mit einem Gesamtbedeckungsgrad N [W/m^2]
ε_{BT}	langwelliger Emissionsgrad der Bauteilfläche [-]
$A_{(\gamma F,\, \alpha F, N)}$	Strahlungsintensität der atmosphärischen Gegenstrahlung auf eine geneigte und beliebig ausgerichtete Fläche [W/m^2]
$A_{R(\gamma F,\, \alpha F, N)}$	reflektierte Strahlungsintensität der Gegenstrahlung auf eine geneigte und beliebig ausgerichtete Fläche [W/m^2]
E_K	Strahlungsflussdichte der langwelligen Ausstrahlung der terrestrischen Umgebung [W/m^2]
σ	Stefan-Boltzmann-Konstante [5,67 · 10^{-8} W/(m^2 · K^4)]
h_r	Wärmeübergangskoeffizient infolge Strahlung [W/(m^2 · K)],hier konstanter Ansatz gewählt: h_r = 5 W/(m^2 · K)
h_c	Wärmeübergangskoeffizient infolge Konvektion, Ansatz nach DIN EN ISO 6946 [22] [W/(m^2 · K)]
v_{Wind}	Windgeschwindigkeit [m/s]

Beim Ansatz der fiktiven Temperaturen wird durch Bilanzierung der Energieanteile eine Einzahlangabe berechnet, in der die Effekte der kurzwelligen Sonneneinstrahlung, der Bewölkung und der langwelligen Gegenstrahlung der Atmosphäre Berücksichtigung finden. Die Bilanzierung der fiktiven Außenlufttemperatur stellt vereinfachend eine Außenlufttemperatur dar, die bei der betrachteten Außenoberfläche dieselbe Auswirkung hervorrufen würde (Erwärmung oder Abkühlung) wie die einzelnen Anteile bei getrennter Berechnung.

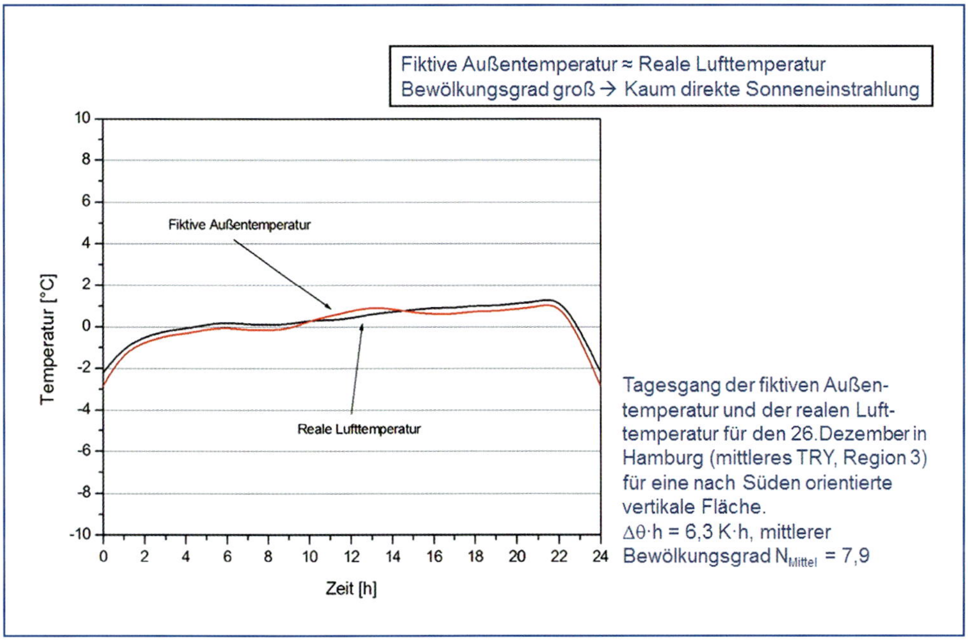

Abbildung 5-1 Verlauf der fiktiven Außentemperatur zur realen Außenlufttemperatur, Beispiel eines stark bewölkten Tages

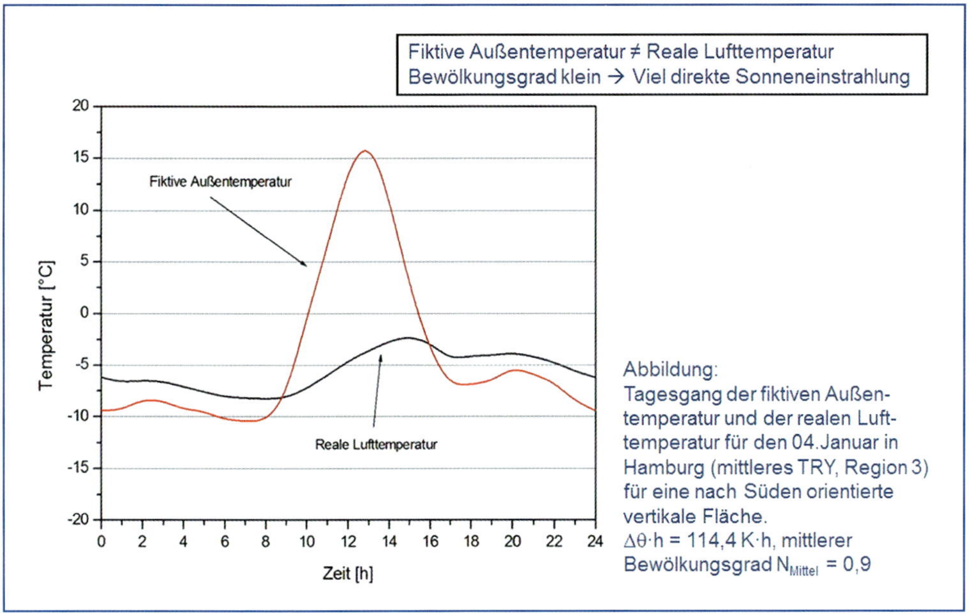

Abbildung 5-2 Verlauf der fiktiven Außentemperatur zur realen Außenlufttemperatur, Beispiel eines wenig bewölkten Tages

Ergebnis dieser Berechnungen sind Temperaturverläufe, die insbesondere bei einem klaren Himmel durch die Effekte der Sonneneinstrahlung am Tag und eine zum Beispiel negative Strahlungsbilanz in der wolkenlosen Nacht zu deutlichen Abweichungen gegenüber der gemessenen Lufttemperatur führen können. Durch Bilanzierung der Abweichungshöhe und -dauer können Zahlenwerte zur Klassifizierung von guten, geeigneten oder nicht geeigneten Thermografierandbedingungen abgeleitet werden.

Mit Hilfe der obigen Ansätze und der grundsätzlichen Forderung, dass Thermogramme zur Sicherstellung eines ausreichenden Temperaturgefälles (mittlere Außenlufttemperaturen von < +5 °C) durchzuführen sind, wurden die Klimate nach Klassifizierungskriterien eingeteilt. Die gewählte obere Gesamtabweichung $\Delta\theta h$ von 60 Kh entspricht dabei einer mittleren stündlichen Abweichung der fiktiven Außentemperatur von der realen Lufttemperatur von 2,50 Kelvin.

Die Ergebnisse der Berechnungen unter Ansatz des mittleren TRY (Testreferenzjahres), Zone 3, zeigt die Abbildung 5-3. Es ist erkennbar, dass in der hier betrachteten Region »Nordwestdeutsches Tiefland« und der gewählten Klassifizierung an etwa 75 Tagen annehmbare Thermografievoraussetzungen vorliegen.

Die Praxis der Thermografie zeigt, dass sehr gute Thermografiewetterlagen bei einer meist zeitlich stabilen (Schlecht-)Wetterlage mit einer Temperatur um etwa 0 °C und bei gleichzeitig hohem Bewölkungsgrad vorliegen. Nach der Auswertung der Abbildung 5-3 liegen derartige Randbedingungen an 38 einzelnen Tagen vor.

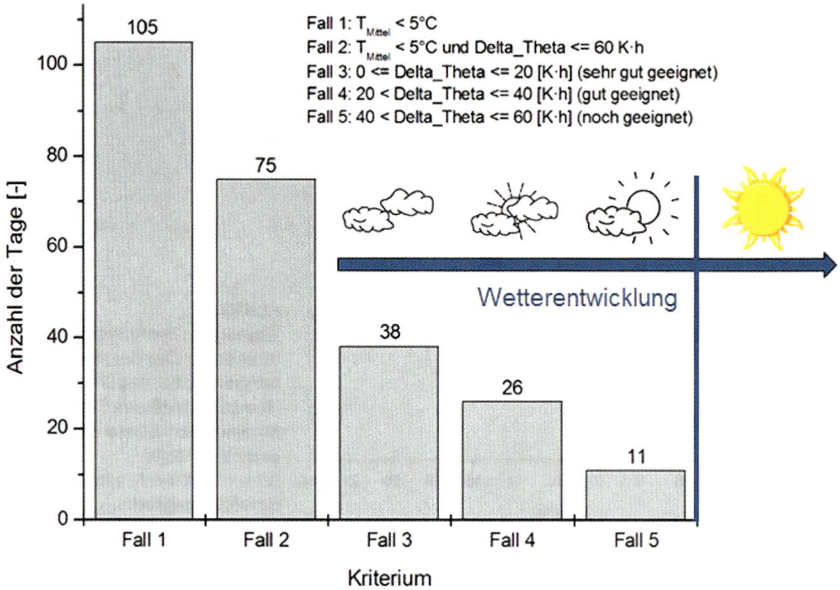

Abbildung 5-3 Verteilung der Anzahl von geeigneten Thermografietagen und zugehörige Wetterentwicklung

Bei sehr kalten Wetterlagen sinkt die Aufnahmefähigkeit der Luft für Feuchtigkeit. Der hierbei vorhandene geringe Bewölkungsgrad bewirkt ein empfundenes ideales Winterwetter, das aber wegen der störenden Effekte der Sonneneinstrahlung für thermografische Aufnahmen eher nicht geeignet ist. Aus den für die jeweilige Klassifizierung zur Verfügung stehenden Klimaten wurden folgende charakteristische Tage zur rechnerischen Beurteilung verwendet und in Tabelle 5-1 mit den wesentlichen Eigenschaften aufgeführt.

Tabelle 5-1 Gewählte Tage zur Simulation der instationären Randbedingungen

Tag	Daten	Klassifizierung
26. Dezember	Gesamtabweichung $\Delta\theta h$ = 6,3 K · h mittlere Lufttemperatur T_{Mittel} = 0,3 °C mittlerer Bewölkungsgrad N_{Mittel} = 7,8	sehr gut geeignet
15. Januar	Gesamtabweichung $\Delta\theta h$ = 30,8 K · h mittlere Lufttemperatur T_{Mittel} = 0,1 °C mittlerer Bewölkungsgrad N_{Mittel} = 6,5	gut geeignet
01. Februar	Gesamtabweichung $\Delta\theta h$ = 57,0 K · h mittlere Lufttemperatur T_{Mittel} = −5,1 °C mittlerer Bewölkungsgrad N_{Mittel} = 4,0	noch geeignet
04. Januar	Gesamtabweichung $\Delta\theta h$ = 114,4 K · h mittlere Lufttemperatur T_{Mittel} = −5,6 °C mittlerer Bewölkungsgrad N_{Mittel} = 0,9	nicht geeignet

Konstruktion

Bei den Untersuchungen im Rahmen der Diplomarbeit wurde die in Abschnitt 7.1.1 näher beschriebene Konstruktion einer einspringenden Gebäudeecke mit einer thermisch nicht getrennten Deckenkonstruktion gewählt. Diese Konstruktion spiegelt den Stand der Bautechnik der 1960er Jahre wieder. Das tragende Mauerwerk besteht aus Kalk-

Abbildung 5-4 Außen- und Innenansichten der Modellierung der Baukonstruktion im Finite- Element-Programm (Programmsystem Ansys-Workbench)

sandsteinen (λ = 0,70 W/(mK)), die von innen und außen mit einer Putzschicht versehen sind. Im Bereich des Balkons sind zusätzlich vorgemauerte Klinkersteine anzutreffen. Der Wärmedurchgangskoeffizient der Außenwand beträgt ca. U = 1,5 W/(m^2K).

Um den Einfluss der Konstruktionsarten und Dämmstandards auf das Berechnungsergebnis zu untersuchen, wurden an der Bestandskonstruktion Variationen vorgenommen. Zur Abbildung einer etwa in der Mitte der 1990er Jahre angewendeten Konstruktion wurde das Bestandsmauerwerk durch ein besser wärmedämmendes Ziegelmaterial (λ = 0,39 W/(mK)) ersetzt. Der hierbei erreichte Wärmedurchgangskoeffizient beträgt ca. U = 0,88 W/(m^2K). Durch die Beibehaltung der ursprünglichen Konstruktion wurde in diesem Fall angenommen, dass die durchlaufende Betondecke nach wie vor auch in dieser Variante (negativ) vorhanden ist.

Im Rahmen einer weiteren Modifikation wurde ausgehend von der Bestandskonstruktion ein wärmetechnisch sanierter Altbau angenommen, bei dem durch Aufbringung eines Wärmedämmverbundsystems (d = 16 cm, λ = 0,040 W/(mK)) ein Wärmedurchgangskoeffizient von U = 0,26 W/(m^2K) erreicht wird. Neben der Außenwand wird auch die Unterseite der auskragenden Betondecke gedämmt. Im Traufbereich wird die Außenwanddämmung bis zur Sparrendämmung geführt, so dass eine optimale Dämmebene für das gesamte Gebäude entsteht und der konstruktive Wärmebrückeneinfluss der auskragenden Betondecke minimiert wird. Im Rahmen von derartigen Sanierungsmaßnahmen kann nicht ausgeschlossen werden, dass (luft- oder mörtelgefüllte) Fehlstellen bei der Ausführung der Wärmedämmebene entstehen. Für derartige Fehlstellen wurden die Auswirkungen auf die sich einstellenden Innenoberflächentemperaturen berechnet (vgl. Abbildung 5-5).

Als charakteristische Auswertepunkte auf der Innenseite wurden die markanten Punkte des Deckenixels (3D), der linienförmige Eckbereich (2D) und die ungestörte Außenwand (1D) betrachtet.

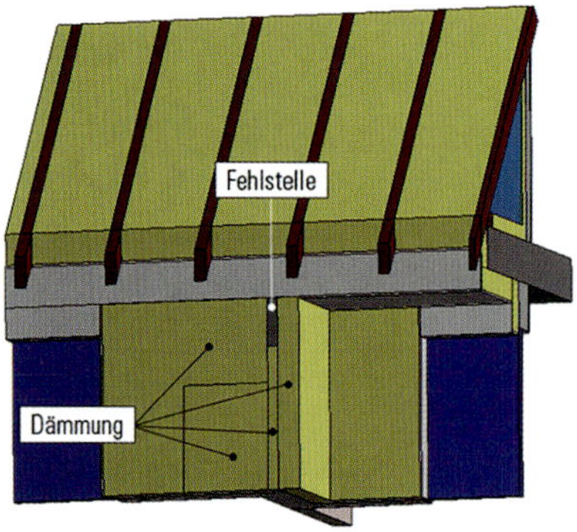

Geometrie Fehlstelle
- Höhe: 500 mm
- Breiten: 5-10-25-50-75 mm
- Tiefe: Dämmstoffdicke 160 mm

Darstellung der Gebäudeecke mit auskragender Betondecke zur Untersuchung des Einflusses einer Fehlstelle in der Dämmebene auf die zu erwartende Temperaturverteilung. Zur Darstellung der Fehlstelle sind Teile des Außenputzes (grau) ausgeblendet.

Abbildung 5-5 Außenansicht des FE-Modells mit Lage einer angenommenen Fehlstelle in der Ebene des Wärmedämmverbund-Systems (Programmsystem Ansys-Workbench)

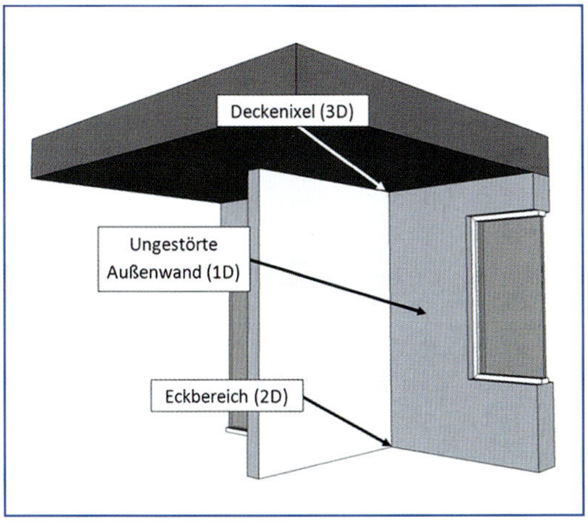

Abbildung 5-6 Innenansicht mit Lage der charakteristischen Referenzpunkte

5.1.1 Einfluss der instationären Einwirkungen – Durchschlagen von Temperaturänderungen

Berechnung des Durchschlagens von Temperaturänderungen des Außenklimas auf die Innenoberflächentemperatur:

Reale Baukonstruktionen weisen durch die instationären Einwirkungen und die Wärmespeicherkapazität der Konstruktion ein abgepuffertes Temperaturverhalten, insbesondere auf der Rauminnenseite, auf. Im Rahmen der Berechnungen wurde zunächst untersucht, wann das Deckenixel (3D) auf der Innenseite vom z. B. ansteigenden Verlauf der Außenlufttemperatur beeinflusst wird. Für die Baualtersklassen der Zeiträume um 1965, 1995 und 2005 ergeben sich bei denselben klimatischen Randbedingungen so genannte »Durchschlagszeiten« von etwa 15 bis 18 Stunden. Hierbei unterscheiden sich die Absoluttemperaturen und die Differenzen zwischen den Hoch- und Tiefpunkten der auftretenden Oberflächentemperaturen durch die unterschiedlichen Wärmedämmniveaus deutlich (vgl. Abbildung 5-7).

Als Erkenntnis der Durchschlagszeitberechnungen ist festzustellen, dass zur Beurteilung der Ergebnisse von Thermogrammen eine Berücksichtigung der klimatischen Verhältnisse der zurückliegenden 24 Stunden erfolgen sollte. Anders herum ist bei Auftreten von Wetterschwankungen mit einem verzögerten Durchschlagen der Extremwerte auf der Innenseite zu rechnen.

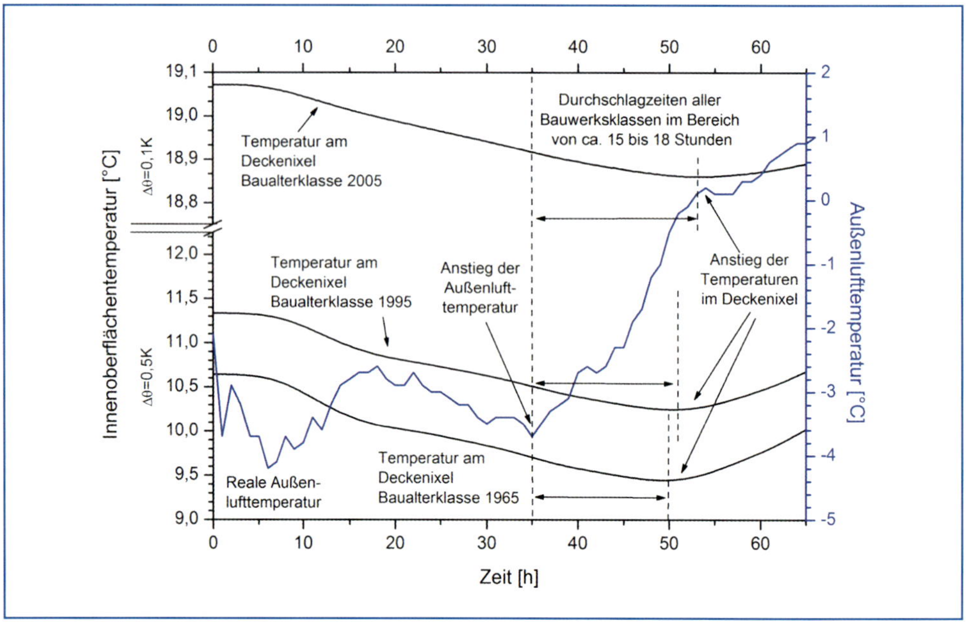

Abbildung 5-7 Zeitverzögerte Reaktion des Deckenixels auf das Ansteigen der Außenlufttemperatur. Bei sehr gut wärmegedämmten Konstruktionen liegt die Oberflächeninnentemperatur höher und die Schwankungen im Tagesverlauf sind geringer.

5.1.2 Berechnung der täglichen Schwankungen der Innenoberflächentemperaturen

Zur Bestimmung der klimatischen und baulichen Einflüsse wurden die Temperaturverläufe mit den maximalen Tagesschwankungen an den markanten Auswertepunkten über drei Tage berechnet und am dritten Tag zur Auswertung verwendet (vgl. Abbildung 5-8). Hierbei wurden vergleichend zwei Fallunterscheidungen betrachtet:

- Realfall:

  Die klimatischen Randbedingungen zwei Tage vor der Thermogrammerstellung wurden entsprechend den realen Angaben aus dem Testreferenzjahr verwendet. Die Thermogrammerstellung erfolgt am dritten Tag, dem Referenztag (vgl. Tabelle 5-6). Durch die Einbeziehung der realen Klimata des Testreferenzjahres (TRY) zwei Tage vor dem Thermografietag, die nicht unbedingt der Klassifizierung des dritten Tages entsprechen, erfolgt eine Beeinflussung mit instationären Effekten aus unterschiedlichen Klassifizierungsansätzen.

- Idealfall:

  Die klimatischen Randbedingungen zwei Tage vor der Thermogrammerstellung wurden immer gleich dem Thermografietag (dritter Tag) angenommen. Dieser Ansatz stellt für die Berechnungen den Grenzwert für die gewählten Klassifizierungsbedingungen dar.

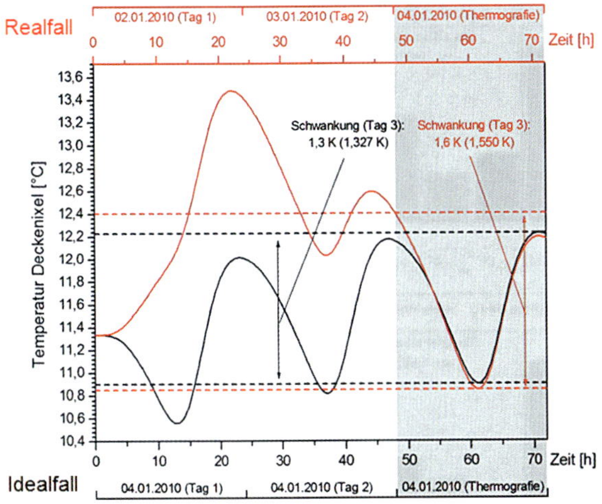

Abbildung 5-8 Auswertungsprinzip zur Bestimmung der maximalen tageszeitabhängigen Temperaturschwankungen bei der Erstellung eines Thermogrammes, hier Baualtersklasse 1995, »nicht geeigneter Tag« nach Klassifizierung in Abschnitt 5.1 bzw. Tabelle 5-1

Ein Beispiel eines Temperaturverlaufes mit der Darstellung der maximalen Schwankung am Thermografietag für den »Realfall« und den»Idealfall« ist für die Klassifizierung »nicht geeigneter Tag« für die Baualtersklasse 1995 in Abbildung 5-8 gezeigt.

Entsprechend den Klassifizierungen, den Baualtersklassen und der Variation zur »Vorbewitterung« (Realfall/Idealfall) wurden die Schwankungen der Innenoberflächentemperaturen im Ixelbereich der Wandecke zusammenfassend in Abbildung 5-9 dargestellt.

Die Ergebnisse der Schwankungsbreiten zeigen, dass bei Thermogrammen im Altbaubereich Schwankungsbreiten der Absoluttemperaturen von ca. 1 bis 2 Kelvin allein durch die Variation des Aufnahmezeitpunktes auftreten können. Erst bei sehr gut wärmegedämmten Gebäuden (Baualtersklasse 2005) treten kaum detektierbare tageszeitliche Schwankungen im Bereich der Messgenauigkeit des Thermografiesystems auf. Eine übertrieben genaue Angabe der gemessenen Momentantemperaturen in Thermogrammen sollte daher überdacht werden. Ebenso sind Beurteilungen, die auf Grundlage der gemessenen Absoluttemperaturen beruhen, mit den entsprechenden Schwankungsbreiten zu kalkulieren.

Im Rahmen der Thermogrammauswertung bei Wärmebrückeneffekten wird vergleichend auf den Unterschied zwischen den tiefsten Oberflächentemperaturen im Deckenixel (3D-Effekt), der Temperatur entlang von Gebäudekanten (2D-Effekt) und der möglichst ungestörten Konstruktion (1D-Effekt) eingegangen (vgl. Abschnitt 6.2.4).

Die im untersuchten Fall berechneten mittleren Unterschiede zwischen der 3D-Ecke zur 1D-Wand sind vergleichend für die untersuchten Konstruktionen, klimatischen Randbedingungen und die Variation zur Vorbewitterung (Realfall/Idealfall) in Abbildung 5-10 gezeigt. Einen Vergleich der Unterschiede zwischen den Temperaturen der 3D-Ecke zur linienförmigen 2D-Kante zeigt die Abbildung 5-11.

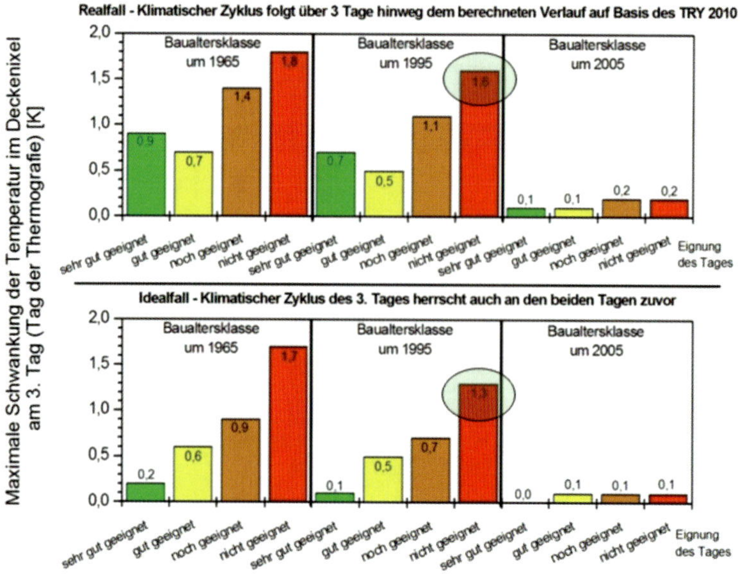

Abbildung 5-9 Maximale Schwankungen der Temperaturen im Deckenixel im Tagesverlauf zur Beantwortung der Frage: »Spielt es eine Rolle, wann im Tagesverlauf eine Thermografie angefertigt wird?« In der Abbildung sind die in Abbildung 5-8 gezeigten Ablesewerte dargestellt (umkreist).

Aus den Berechnungen ist zu erkennen, dass bei Innen-Thermografien infolge der bauklassentypischen Ausführung konstruktionsbedingt von unterschiedlich großen Temperaturdifferenzen zwischen dem Deckenixel (3D) und dem Bereich der ungestörten Außenwand (1D) bzw. dem Eckbereich (2D) auszugehen ist. Tendenziell stellen sich bei gut wärmegedämmten Konstruktionen geringere Temperaturunterschiede als bei schlechter wärmegedämmten Konstruktionen ein. In der Tabelle 5-2 sind die in den berechneten Fällen ermittelten Differenzen aufgeführt.

Tabelle 5-2 Unterschiede zwischen den Oberflächentemperaturen an den markanten Auswertepunkten (vgl. Abbildung 5-6)

Baualtersklasse	Temperatur 3D zu 1D	Temperatur 3D zu 2D
1965	6 bis 7 Kelvin	3 bis 4 Kelvin
1995	7 bis 8 Kelvin	5 bis 6 Kelvin
2005	2 bis 3 Kelvin	ca. 1 Kelvin

Die Ursache für die höheren Werte der Baualtersklasse 1995 gegenüber der Baualtersklasse 1965 ist wie folgt zu erklären: Die durchgängige Betondeckenplatte stellt eine sehr wirkungsvolle Wärmebrücke dar, so dass der Unterschied zur besser wärmegedämmten Wandkonstruktion stärker ins Gewicht fällt als bei der insgesamt schlechter wärmegedämmten Konstruktion der Baualtersklasse von 1965. In der Regel wird der Wert bei der anzunehmenden Anwendung von thermischen Trennungen bei einer Baualtersklasse von 1995 sicher geringer ausfallen.

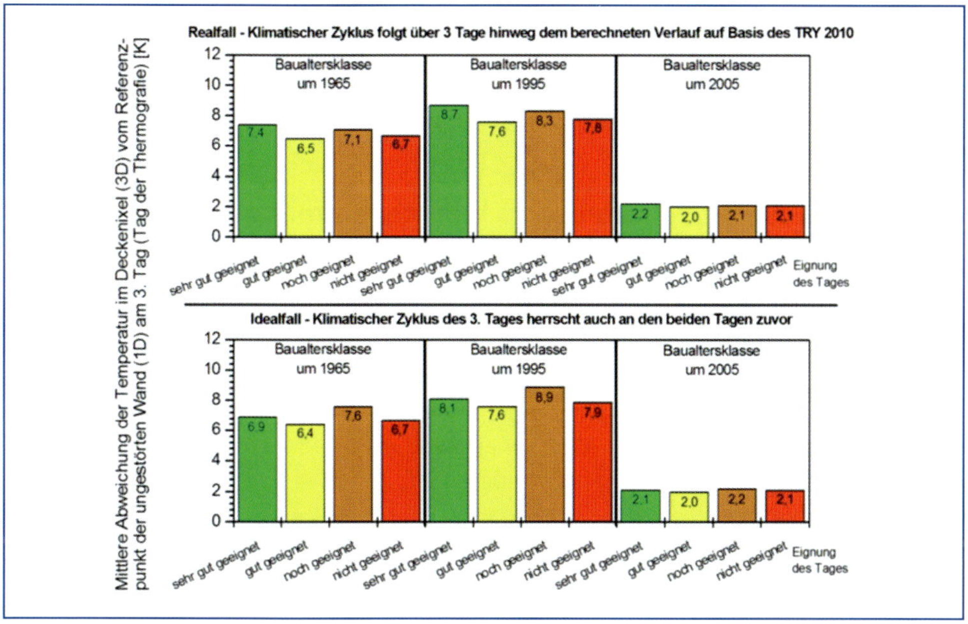

Abbildung 5-10 Maximale Schwankungen der Temperaturen im Deckenixel (3D) zur ungestörten Wandkonstruktion (1D)

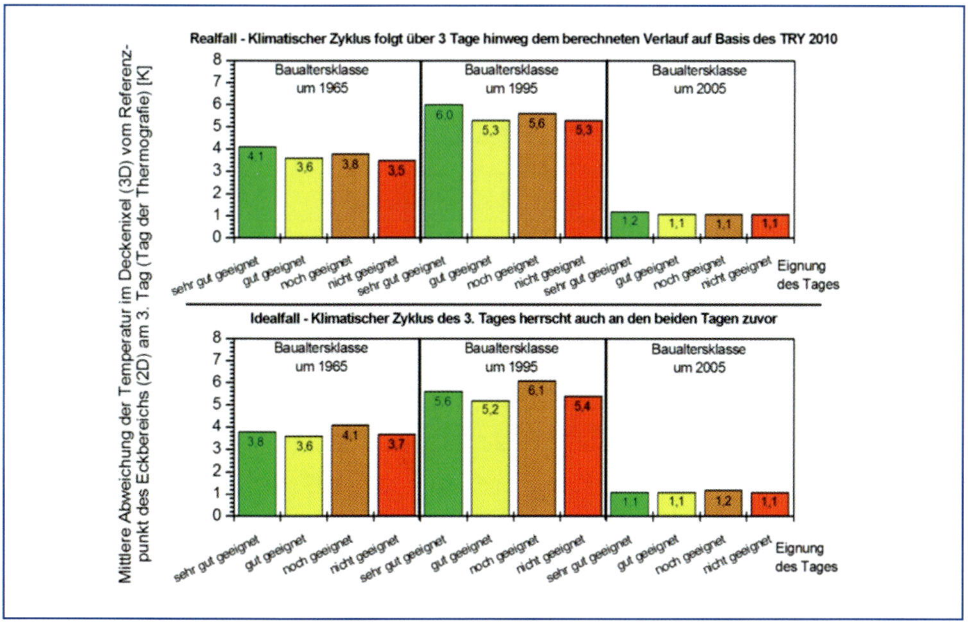

Abbildung 5-11 Maximale Schwankungen der Temperaturen im Deckenixel (3D) zur linienförmigen Außeneckenkante (2D)

Weiterhin zeigen die Ergebnisse, dass bei Innenthermografien, unabhängig von der hier gewählten Klassifizierung der Eignung des Tages, kaum signifikante mittlere Abweichungen auftreten, die Unterschiede liegen zwischen den gut und weniger gut geeigneten Thermografierandbedingungen im gleichen Größenbereich.

5.1.3 Einfluss von Fehlstellen in Wärmedämmungen

Im Rahmen der Berechnungen wurde untersucht, wie sich Fehlstellen auf die Innen- und Außenoberflächentemperaturen auswirken. Ein typisches Ergebnis der Berechnungen zeigt Abbildung 5-12. Demnach können eingebaute Fehlstellen in der Dämmebene einer gut gedämmten Gebäudeecke mit Thermografien besser von der Außenseite her detektiert und nachgewiesen werden. Die Schwankungen und Änderungen auf der Gebäudeinnenseite liegen im Bereich der Messgenauigkeit von Thermografie-Kameras, so dass eine Lokalisierung von innen eher nicht möglich ist.

In Abbildung 5-12 ist die Auswertung für eine 50 mm breite, mit Außenputz bzw. Luft gefüllte Fehlstelle gezeigt. Es ist zu erkennen, dass sich Fehlstellen auf der Außenseite viel stärker als auf der Innenseite abzeichnen.

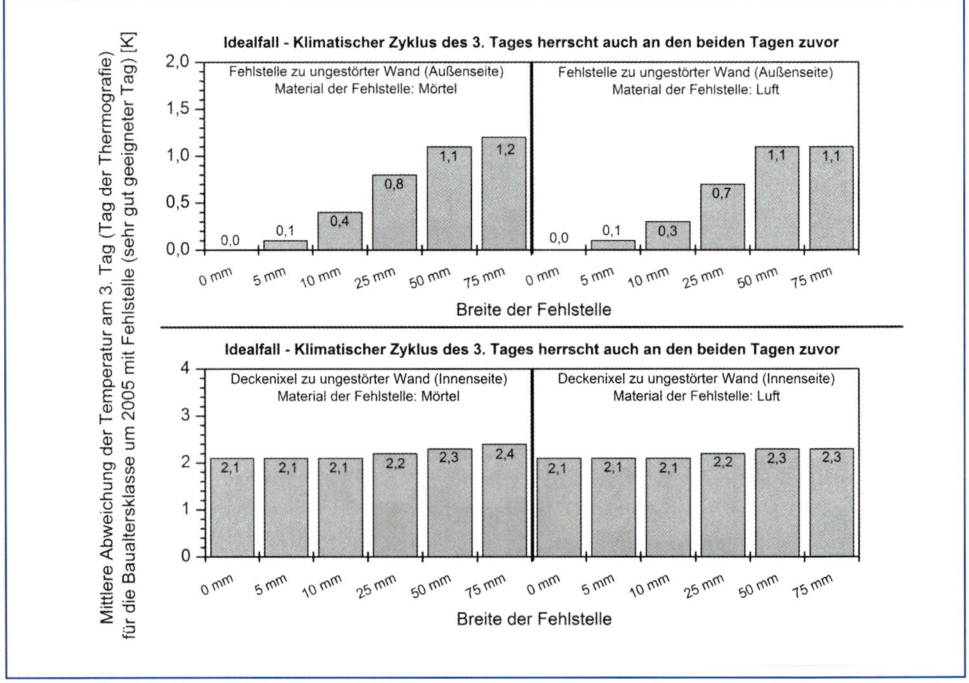

Abbildung 5-12 Maximale Schwankungen/mittlere Abweichungen der Temperaturen im Deckenixel (3D) bzw. Temperaturen auf der Außenseite zur Beantwortung der Frage, an welcher Stelle sich Fehlstellen in einer Wärmedämmschicht bemerkbar machen (Auswertung für eine Fehlstellenbreite von 50 mm, gefüllt mit Mörtel bzw. Luft). Die Fehlstellen in WDV-Systemen lassen sich durch stärkeren Kontrast eher auf der Außenseite detektieren.

Um Fehlstellen von außen hinreichend genau lokalisieren zu können, müssen sie allerdings groß genug sein. Ab Breiten der Fehlstellen von ca. 10 Millimetern sind sie in der Regel detektierbar, da dann aufgrund des Wärmebrückeneffekts der Fehlstelle höhere Temperaturen im Vergleich zur ungestörten Außenwand messbar sind.

5.2 Einfluss von falsch angenommenen Emissionsgraden und Hintergrundstrahlung auf das Messergebnis

In Abschnitt 2.2.2 wurden die physikalischen Grundlagen bei der Ermittlung der zu messenden Oberflächentemperatur erläutert. Anhand eines Beispiels für eine Innenthermografie und eine Außenthermografie sollen in diesem Abschnitt die möglichen Schwankungsbreiten der ermittelten Temperaturen bei unterschiedlichen Emissionsgraden bzw. Umgebungsstrahlungen aufgezeigt werden. Diese Informationen sollen dazu dienen, den Einfluss der obigen Randbedingungen auf das Messergebnis der Temperaturangaben sinnvoll einordnen zu können.

5.2.1 Beispiel einer Innenthermografie

Für die Innenthermografie wurde das in Abschnitt 7.1.1 näher behandelte Beispiel einer Wärmebrücke betrachtet. Mit Hilfe eines Kontaktoberflächenthermometers wurde die zum Zeitpunkt der Thermogrammerstellung tatsächlich herrschende Oberflächentemperatur zu ca. θ_{si} = 15,6 °C ermittelt (vgl. Abbildung 5-13).

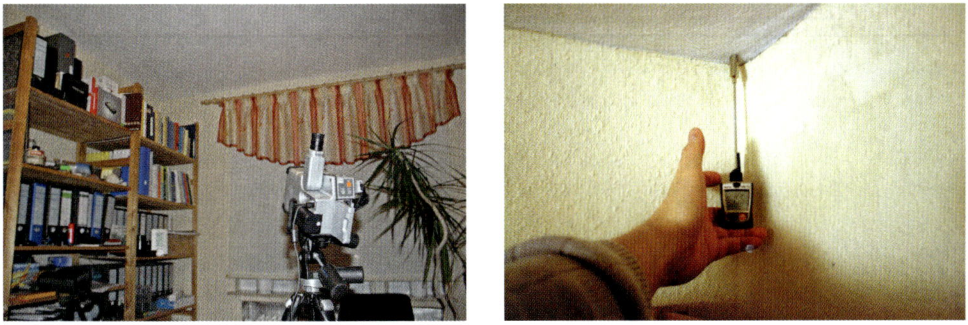

Abbildung 5-13 Bestimmung der Oberflächentemperatur mit Hilfe von Kontaktthermometer, angezeigter Messwert: θ_{si} = 15,6 °C

Durch Variation der bei der Thermografiekamera einstellbaren Parameter »Emissionsgrad« und »Umgebungsstrahlungstemperatur« werden die Bandbreiten der zur Anzeige gebrachten Temperatur im unmittelbaren Deckenixel vergleichend in Abbildung 5-14 dargestellt. Zusätzlich wurden in dieser Abbildung auch die Angaben zum Verhalten des Messwertes bei Veränderungen des Emissionsgrades dargestellt.

Aufnahme-datum	**Temperaturrandbedingungen**		**weitere Informationen**
	Außenluft-temperatur	**Innenluft-temperatur**	
24.03.2011 nachts	ca. +5 °C	ca. +20 °C	Klima über ca. 1 Tag stabil

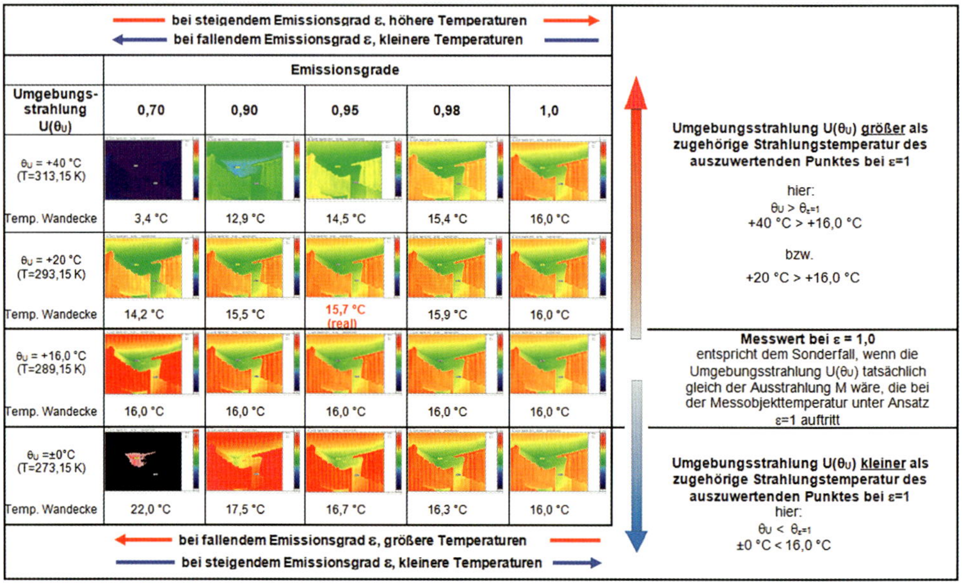

Abbildung 5-14 Bandbreite der in der Wandecke angezeigten Oberflächentemperatur bei unterschiedlichen Emissionsgraden und Umgebungsstrahlungstemperaturen, realer Messwert im Bereich des Wandixels, ca. θ_{si} = 15,6 – 15,7 °C

Im Regelfall werden bei dem überwiegenden Anteil der Innenthermografien Umgebungsstrahlungen angetroffen, die nahe der herrschenden Innenlufttemperaturen vorliegen. Dies ist zu begründen, da die Innenwände und die Einbaugegenstände diese Temperatur im Regelfall aufweisen. Werden wie in Abbildung 5-14 gezeigt »übliche« Emissionsgrade der Baustoffoberflächen von ε ca. 0,90 bis 0,98 angenommen, wird sich eine Abweichung von der wirklichen Oberflächentemperatur von $\Delta\theta < \pm$ 0,2 Kelvin erzielen lassen. Diese Messwertabweichungen liegen dann etwa im Bereich der Messgenauigkeiten des Thermografiesystems.

Werden deutlich zu tiefe (im Beispiel z. B. θ_U = ±0 °C) oder zu hohe (im Beispiel z. B. θ_U = +40 °C) Umgebungsstrahlungstemperaturen für die Ermittlung des Messwertes angenommen, ist mit Abweichungen von $\Delta\theta < \pm$ 3 Kelvin zu rechnen. Erst in Verbindung von unwahrscheinlich hohen oder tiefen Umgebungsstrahlungstemperaturen mit deutlich falschen Emissionsgraden (im Beispiel ε = 0,70) muss mit Abweichungen im zweistelligen Wertebereich (im Beispiel - 12 bzw. +6 Kelvin) gerechnet werden.

5.2.2 Beispiel einer Außenthermografie

Für die im Abschnitt 7.1.1 gezeigte Wärmebrücke wurde eine Außenthermografie durchgeführt. Die Oberflächentemperatur im Ixel wurde mit Hilfe eines Kontaktoberflächenthermometers zum Zeitpunkt der Thermogrammerstellung zu ca. θ_{se} = 11,2 °C ermittelt (vgl. Abbildung 5-15).

Zum Zeitpunkt der Thermogrammerstellung wurde ein wolkenfreier Himmel festgestellt. Bei diesen Randbedingungen liegt die Umgebungsstrahlungstemperatur meistens deutlich unterhalb der herrschenden Außenlufttemperatur. Mit Hilfe einer Aufnahme des Sichtbereiches der zu thermografierenden Ecke des Balkons kann die Umgebungsstrahlungstemperatur nach einem wie in Abbildung 2-24 beschriebenen Verfahren bestimmt werden. Für die in Abbildung 5-17 dargestellte Situation wurde die Umgebungsstrahlungstemperatur zu ca. θ_U = -20 °C bestimmt.

Bei den üblichen Emissionsgraden der Baustoffoberflächen von ε = 0,90 bis 0,98 und einer Abschätzung der Umgebungsstrahlungstemperatur von $\Delta\theta_U$ = ± 20 K gegenüber der realen Umgebungsstrahlungstemperatur von θ_U = -20 °C wird eine praktische Bandbreite der angezeigten Oberflächentemperaturen zur realen Oberflächentemperatur von ca. $\Delta\theta < \pm 2$ Kelvin erreicht.

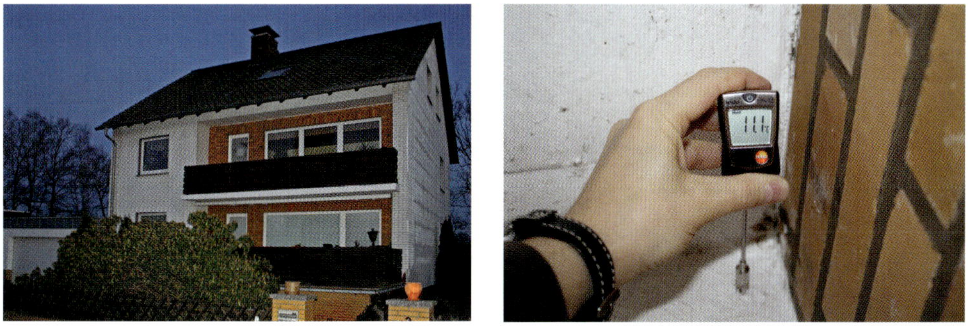

Abbildung 5-15 Außenansicht des Gebäudes, Bestimmung der Oberflächentempertur in der einspringenden Decke (linke Seite des Balkons im 1.OG) mit Hilfe eines Kontaktthermometers, angezeigter Messwert: θ_s = 11,1 °C

Der Einfluss der Umgebungsstrahlungstemperatur auf das Messergebnis vergrößert sich bei kleiner werdenden Emissionsgraden, so dass bei hinzukommenden Unsicherheiten bei der Bestimmung der Umgebungsstrahlungstemperatur die möglichen Abweichungen der angezeigten Oberflächentemperatur zur realen Oberflächentemperatur leicht zweistellige Zahlenwerte annehmen können. Allen mit der Thermografie vertrauten Personen werden die Herausforderungen beim Thermografieren von Metalloberflächen klar sein, kleinere Emissionsgrade (ε ca. 0,7) können allerdings auch leicht bei z. B. beschichteten Fensterverglasungen oder auch bei flachen Beobachtungswinkeln auftreten (vgl. Abschnitt 2.1.2), so dass bei derartigen Thermografien die Messgenauigkeit zu hinterfragen ist.

Aufnahmedatum	Temperaturrandbedingungen		weitere Informationen
	Außenlufttemperatur	Innenlufttemperatur	
29.03.2011 früh	ca. -2 °C	ca. +20 °C	stabile Wetterlage, Messung der Umgebungsstrahlungstemperatur durch Panoramaaufnahme

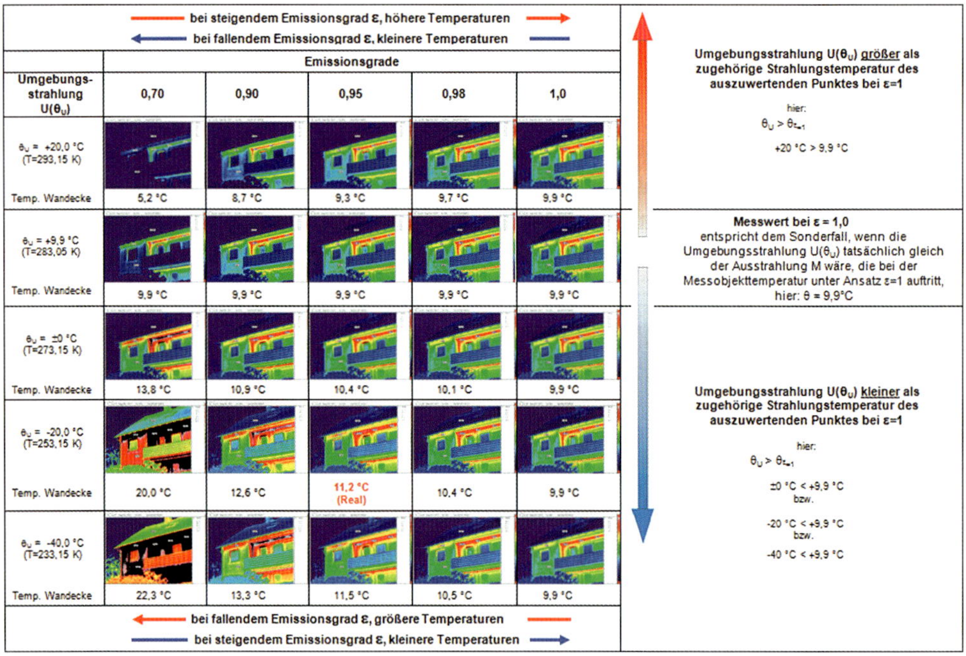

Abbildung 5-16 Bandbreite der in der Außenwandecke angezeigten Oberflächentemperatur bei unterschiedlichen Emissionsgraden und Umgebungsstrahlungstemperaturen, realer Messwert im Bereich des Wandixels: θ_s = 11,1 – 11,2 °C

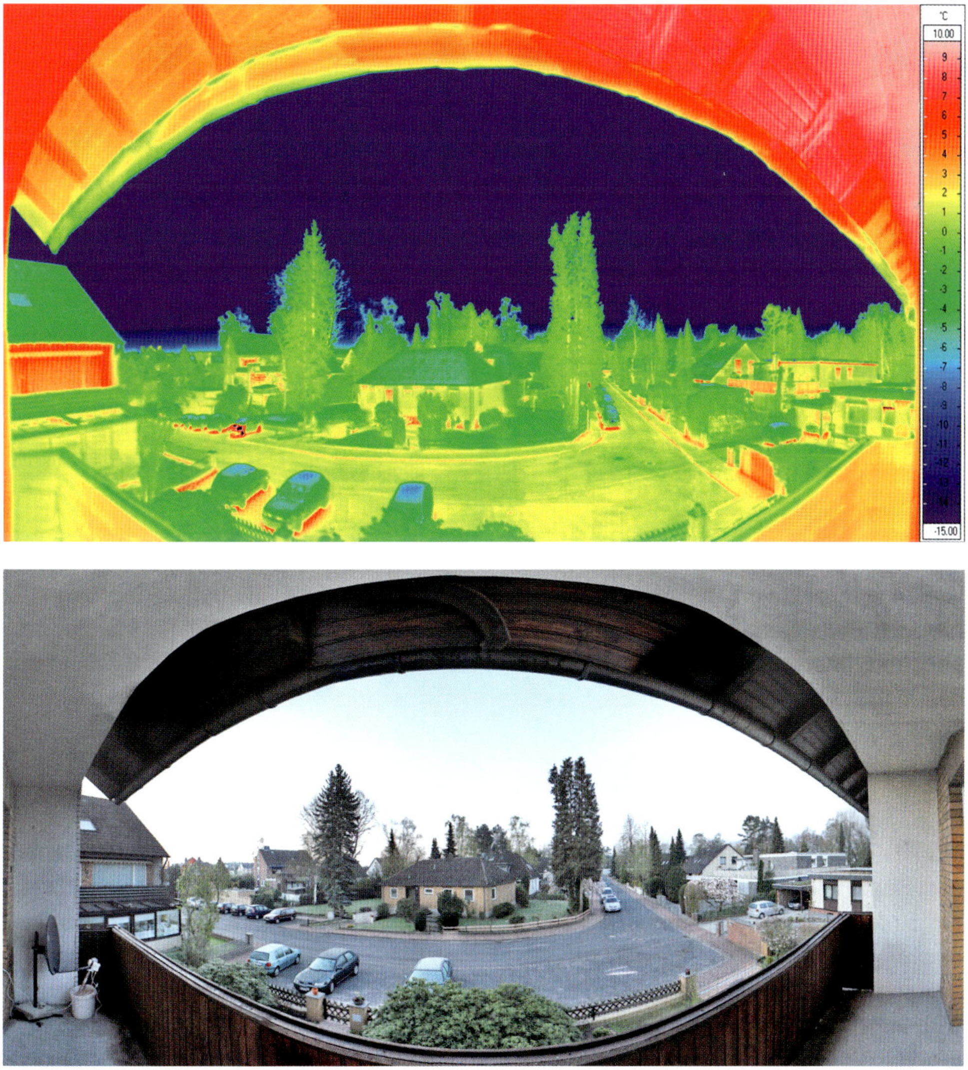

Abbildung 5-17 Thermogramm zur Bestimmung der Umgebungsstrahlungstemperatur mit Hilfe einer Halbraumaufnahme vor der zu thermografierenden Wandseite. Der Auswertepunkt der Thermogramme in Abbildung 5-16 befindet sich ganz rechts im Bild.

6 Anwendung der Thermografie in der Bautechnik

6.1 Grundprinzipien und Messvoraussetzungen

Ziel der Thermografie ist die Anfertigung von Momentaufnahmen, mit denen die Oberflächentemperatur bzw. -verteilung momentan dargestellt wird. Anhand der Oberflächentemperaturverteilung kann ermittelt werden, an welchen Orten wärmetechnische Unregelmäßigkeiten (beispielsweise infolge von Wärmebrücken), unterschiedliche Feuchtegehalte oder Luftaustritte in der wärmetauschenden Umschließungsfläche vorhanden sind.

Thermografieaufnahmen sollten zur vollumfänglichen Beurteilung des Gebäudes immer von der Außen- und von der Innenseite erstellt werden. Im Folgenden soll nur auf die in der Praxis überwiegend eingesetzte passive Thermografie eingegangen werden. Zur Anwendung der aktiven Thermografietechniken, wie zum Beispiel die Impuls-Thermografie bzw. die Puls-Phasen-Thermografie, wird im Bauphysikkalender 2004 [44] ausführlich berichtet. Interessante Anwendungsgebiete der aktiven Thermografie im Bauwesen werden in [43] und [42] beschrieben.

6.1.1 Messvoraussetzungen bei Außen- und Innenthermografien

Zur Feststellung von Wärmebrückeneffekten werden Thermogramme oft von der Gebäudeaußenseite aufgezeichnet. Dies ist gegenüber Innenthermografien meist von Vorteil, um einen größeren Flächenbereich in einer Überblickaufnahme zu erfassen. Zur Aufdeckung wärmetechnischer Unregelmäßigkeiten muss zwischen der Innen- und Außenseite eine entsprechend große Temperaturdifferenz vorhanden sein. In der Fachliteratur wird im Allgemeinen eine minimale Temperaturdifferenz von etwa 15 Kelvin angegeben, je höher dieser Wert ist umso besser. Nimmt man eine mittlere Raumlufttemperatur von etwa +20 °C an, sollten ab wärmeren Außenlufttemperaturen von etwa +5 °C keine Thermografieaufnahmen mehr angefertigt werden. Thermografieaufnahmen können natürlich auch bei wärmeren Außenklimaten durchgeführt werden. Potentielle Fehlstellen zeichnen sich jedoch bei zu geringen Temperaturunterschieden nur noch sehr schwach oder überhaupt nicht mehr im Thermogramm ab.

Da die thermografische Messung immer ein »Schnappschuss« instationärer Verhältnisse darstellt, muss die oben genannte Temperaturdifferenz bereits vor der Messung vorhanden sein. Die Temperaturunterschiede sollten möglichst lang anhaltend und gleichmäßig sein, üblicherweise werden mindestens zwölf bis (besser) 24 Stunden als ausreichend erachtet ([40]). Weist die Außenlufttemperatur im Tagesgang z. B. sehr große Schwankungen auf, so ist zu hinterfragen, ob das Messergebnis dann noch aussagekräftig ist. Ausreichend große Temperaturdifferenzen liegen in Deutschland in der Regel in den Wintermonaten bzw. von etwa Oktober bis April vor.

Thermogramme – Außenaufnahmen

Werden Außenthermografien angefertigt, ist besonders auf den Einfluss der Sonneneinstrahlung zu achten. Das Untersuchungsobjekt darf während **und** auch bereits einen ausreichenden Zeitraum vor der Messung nicht mit direkter Sonneneinstrahlung beansprucht worden sein. Dies ist einsichtig, da durch die eingebrachte Sonnenwärme eine direkte Oberflächenerwärmung auftritt und durch oberflächennahe Wärmespeichereffekte vorab beschienener Oberflächen ebenfalls Fehlinterpretationen auftreten können. Weiterhin wird im Falle direkter Bestrahlung die Sonnenstrahlung auch reflektiert und fällt in den Strahlengang der IR-Kamera (vgl. Abschnitt 2.2, Abbildung 2-23).

Neben der direkten (Schatten werfenden) Sonneneinstrahlung kann auch die diffuse (stark gestreute, keinen Schatten werfende) Sonnenstrahlung zu Fehlmessungen führen, da Oberflächen auch durch diese ungerichtete Strahlung erwärmt werden.

Neben den oben beschriebenen Effekten bei direkter Sonneneinstrahlung ist auch der Strahlungswärmeaustausch der thermografierten Flächen mit der Umgebung zu beach-

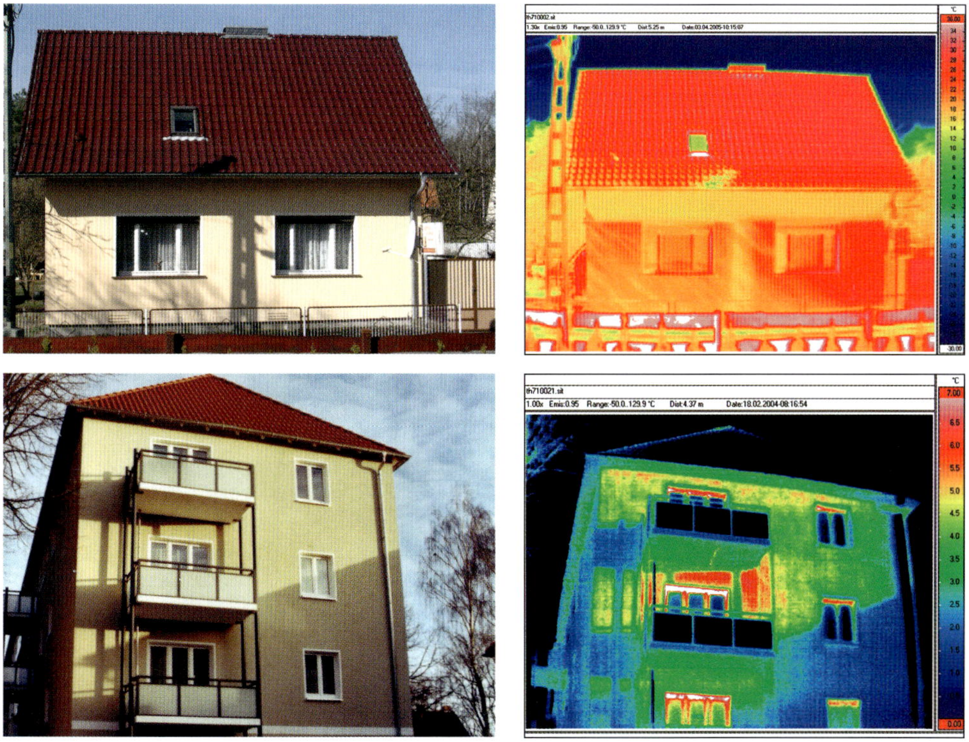

Abbildung 6-1 So sollte man es nicht machen: Auswirkungen von Schattenwürfen und direkter Sonneneinstrahlung auf Thermografieaufnahmen.

ten. So kann es insbesondere bei klaren Nächten vorkommen, dass sich Oberflächentemperaturen einstellen, die auch unter der Temperatur der Außenluft liegen. Dies liegt daran, dass insbesondere bei einem wolkenlosen, klaren Nachthimmel eine sehr kalte Himmelstemperatur (ca. -80 °C bis -90 °C) vorliegt und so der Strahlungswärmeaustausch mit den Gebäudeoberflächen einen größeren Einfluss gewinnt (Einfluss der Umgebungsstrahlungstemperatur θ_U, vgl. Abschnitt 2.2). Bei bewölktem Himmel findet der Strahlungsaustausch der Flächen vorwiegend mit den nicht so kalten Wolken statt (der Himmel ist verdeckt), die eventuelle Abkühlung der Bauteiloberflächen ist somit geringer.

Die Oberflächentemperaturen auf Baukörpern werden sehr stark durch die Wirkung des konvektiven Wärmeüberganges beeinflusst. Bei der Anfertigung von thermografischen Aufnahmen sind daher auch die Windverhältnisse zu beachten. Hierbei ist je nach Aufgabenstellung zu entscheiden, ob der herrschende Wind bzw. die starke Änderung der Windintensität einen Einfluss auf das Untersuchungsziel hat. Anhaltspunkte für maximale Windgeschwindigkeiten werden mit v = 1 m/s in [28] und bis zu 6,7 m/s (15 mph) in [2] genannt.

Weitere Effekte, die eine Beeinflussung der Oberflächentemperaturen hervorrufen, sind das Vorhandensein von Tauwasser- bzw. Regenwasser auf der zu thermografierenden Fläche. Tauwassererscheinungen können auf Außenoberflächen bei sehr gut gedämmten Außenwandkonstruktionen oder Fenstern auftreten, dies ist ein Zeichen eines sehr guten Wärmeschutzes. Bei feuchten Körpern kann es zum Verdunsten von Wasser an der Oberfläche kommen. Dabei wird dem Körper die benötigte Wärme entzogen und dieser kühlt somit ab.

Die möglichen Beeinflussungen der Thermogramme durch temporäre Be- oder Durchfeuchtungen sind in Abbildung 6-2 gezeigt. Hier wurde die freie Außenwandoberfläche durch einen leichten Nieselregen befeuchtet, im Bereich des Dachüberstandes war die Wand geschützt. Die eigentlich erwartete Temperaturverteilung wurde durch die Durchfeuchtung verfälscht, da das Obergeschoss eigentlich beheizt war und der Drempel und das Dachgeschoss unbeheizt. Der unbeheizte Drempelbereich müsste daher im Thermogramm eigentlich kühler als das beheizte Obergeschoss erscheinen. Infolge der Durchfeuchtung stellte das Thermogramm ein anderes Bild dar.

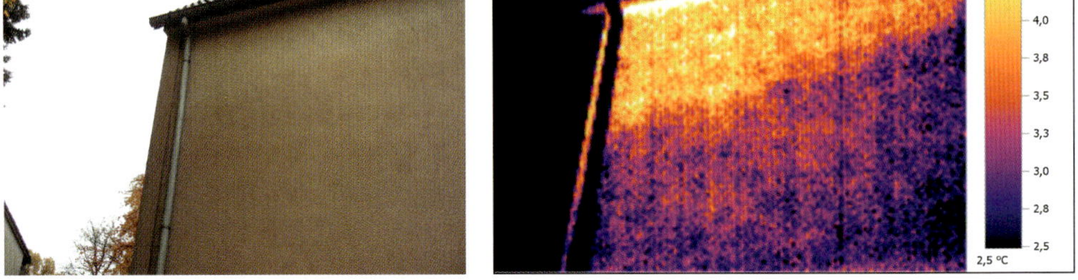

Abbildung 6-2 Abkühlung einer Außenwand durch Feuchtefilm auf der Oberfläche

Aus oben genannten Randbedingungen ergibt sich daher bei Außenaufnahmen meist die praktische Notwendigkeit, Thermografieaufnahmen in den frühen Morgenstunden und noch vor dem Sonnenaufgang aufzunehmen. Die frühen Morgenstunden sind der Nacht vorzuziehen, weil am Morgen im Regelfall die kühlsten Temperaturen durch die längste Auskühlungszeit vorliegen. Das Winterhalbjahr ist daher für übliche Bauthermografien die beste Jahreszeit.

Thermogramme - Innenaufnahmen

Werden Thermogramme von der Innenseite aufgenommen, wird gegenüber der Aufnahme von außen meist nur ein kleiner flächenmäßiger Teil der Außenwände erfasst, wobei vorhandene Wärmebrückenphänomene durch die bessere Temperaturauflösung meist detailreicher abgebildet werden (vgl. Abbildung 6-3). Vielfach wird die Ansicht durch Möbel oder sonstige Einrichtungsgegenstände eingeschränkt, sodass unter Umständen ein höherer Vorbereitungsaufwand zur Durchführung der Thermografie notwendig ist.

Von der Innenseite aufgenommene Thermografien bieten aber den Vorteil, dass in bewohnten Gebäuden eine relativ gleichmäßige Raumtemperatur über einen längeren Zeitraum vorherrscht und dass die bei den Außenaufnahmen dargestellten Witterungseinflüsse nicht direkt oder nur in abgeschwächter Form zu berücksichtigen sind. So ist es meist möglich, die Innenthermografieaufnahmen auch am Tage durchzuführen. Bei ausgebauten Dachgeschossen mit hinterlüfteten Dächern bzw. hinterlüfteten Außenwandkonstruktionen wird man erfahrungsgemäß zudem nur durch Innenthermografieaufnahmen zu fundierten Bewertungen durch Thermogramme gelangen. Die Aussagekraft von Innenthermografien ist daher meist höher und wird für ein konkretes Bewertungsziel bevorzugt angewendet.

6.2 Thermografie zur Lokalisierung von Wärmebrücken

6.2.1 Systematik der Wärmebrücken

Wärmebrücken sind örtlich begrenzte Bereiche in raumabschließenden Bauteilen, an denen ein erhöhter Wärmefluss von der wärmeren zur weniger warmen Seite hin auftritt. Das Vorhandensein von Wärmebrücken kann folgende Auswirkungen haben:

- erhöhter Wärmeverlust
- verringerte Oberflächen-Innentemperatur im Bereich der Wärmebrücken im Vergleich zu ungestörten Bauteilflächen mit der Gefahr von Tauwasser- und Schimmelpilzbefall.
- Aufgrund der verringerten Oberflächen-Innentemperatur kann die thermische Behaglichkeit beeinträchtigt werden.

In der Bauphysik werden die nachfolgend beschriebenen Arten von Wärmebrücken unterschieden.

6.2.2 Stoffbedingte Wärmebrücken

Stoffbedingte Wärmebrücken liegen vor, wenn Materialien deutlich unterschiedlicher Wärmeleitfähigkeiten γ vorhanden sind.

Ein Vergleich der in Abbildung 6-3, rechts abgebildeten Temperaturverteilung auf der Außen- und Innenseite zeigt, dass die Oberflächentemperaturdifferenzen zwischen gestörtem und ungestörtem Wandbereich auf der Innenseite deutlich größer sind. Dies ist ein Grund, dass durch Thermografieren auf der Innenseite eine meist detailreichere Beurteilung einer Wärmebrücke möglich ist.

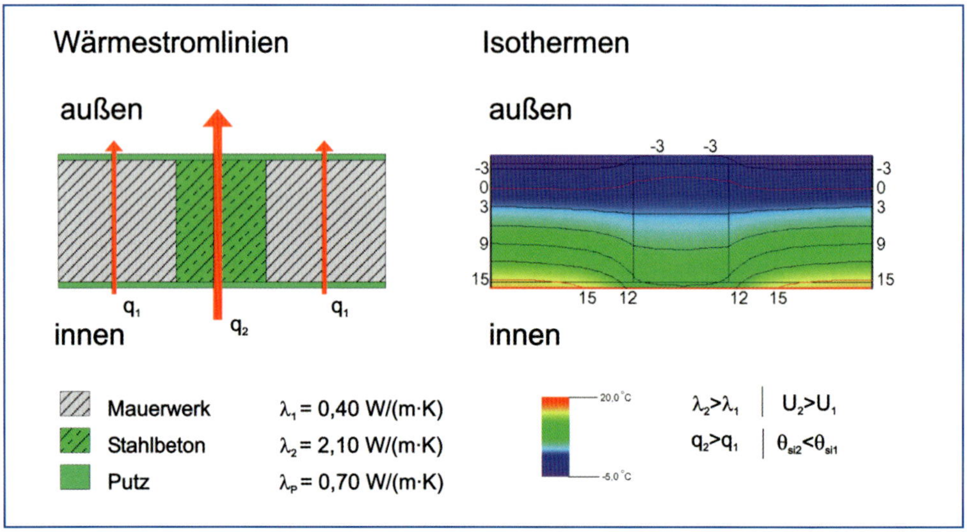

Abbildung 6-3 Definition einer stofflich begründeten Wärmebrücke

6.2.3 Geometrische Wärmebrücken

Geometrische Wärmebrücken sind dadurch gekennzeichnet, dass einer kleinen Wärmeeinleitungsfläche A_i auf der Innenseite eine sehr viel größere Fläche A_e auf der Außenseite gegenübersteht. Im Eckbereich führt dies zu einem insgesamt höheren Wärmedurchgang und somit im gestörten Eckbereich zu geringeren Oberflächentemperaturen. Bei dreidimensionaler Betrachtung der Wärmebrückenwirkung (z. B. Detail Wandecke-Deckeneinbindung) ist der Einfluss naturgemäß am größten.

Wie auch bereits bei den stofflichen Wärmebrücken festgestellt, ist beim Thermografieren von der Innenseite infolge der besseren Temperaturauflösung eine meist detailreichere Beurteilung der geometrischen Wärmebrücke möglich.

Weiterhin können auch Mischarten von geometrischen und stofflich begründeten Wärmebrücken auftreten (z. B. auskragende Stahlbetonplatte eines Balkons in Mauerwerkswänden).

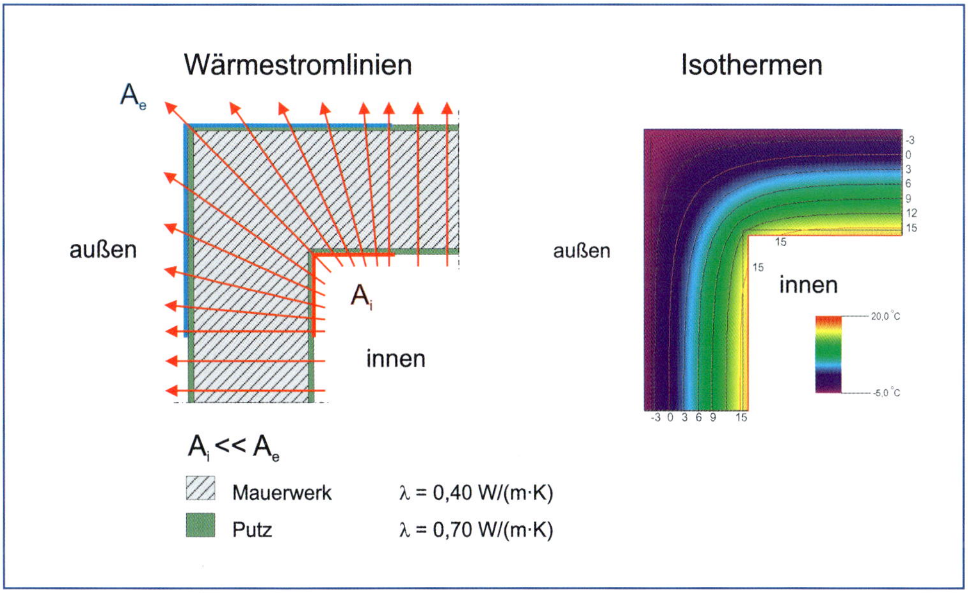

Abbildung 6-4 Definition einer geometrisch begründeten Wärmebrücke

Aufgrund der oben beschriebenen Definitionen ist erkennbar, dass Wärmebrücken in jedem Gebäude vorhanden und auch nicht vermeidbar sind. Im Rahmen einer fachgerechten Planung und Ausführung sollte jedoch eine wärmebrückenarme Konstruktion erzielt werden. Das bedeutet, dass die negativen Auswirkungen von Wärmebrücken, wie die erhöhten Wärmeverluste und die niedrigen raumseitigen Oberflächentemperaturen, auf ein unkritisches Maß reduziert werden (zum Nachweis siehe Abschnitt 6.2.5).

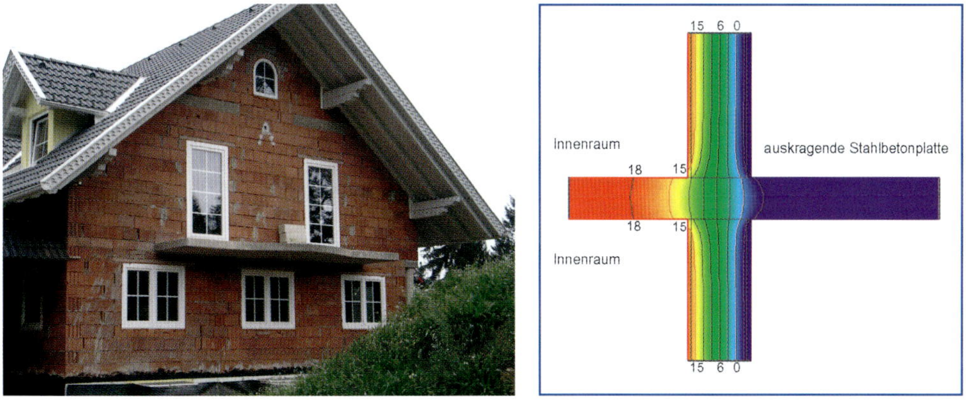

Abbildung 6-5 Typischer Vertreter einer möglichen schadensträchtigen Wärmebrücke: auskragende Stahlbetonplatte eines Balkons, hier nicht fachgerecht ohne thermische Entkopplung ausgeführt

6.2.4 Typische Thermogramme schadenfreier Wärmebrücken

In der praktischen Bau-Thermografie ist es aufgrund der verfügbaren Kameratechnik, der nicht genau bekannten Emissionsgrade der Oberflächen und dem Einfluss der Umgebungsstrahlung meist nicht möglich, die Absoluttemperaturen sehr genau zu bestimmen. Dies ist aber im Regelfall auch nicht notwendig, da in der Praxis die sehr gut zu detektierenden Temperaturunterschiede zwischen den Bauteiloberflächen Aussagen über die Konstruktion zulassen.

So besteht das Ziel beim Thermografieren von Wärmebrücken zunächst darin, Auffälligkeiten, die sich durch große Temperaturdifferenzen im Thermogramm darstellen, zu lokalisieren. Vom Thermografen ist dann aufgrund seines Fachwissens, der bei der Thermografie vorhandenen Randbedingungen und nicht zuletzt seines Erfahrungsschatzes zu entscheiden, ob die gemessenen Temperaturdifferenzen als normal oder als auffallend zu bewerten sind.

Da Temperaturunterschiede infolge von Wärmebrücken auch an schadenfreien Konstruktionen auftreten (vgl. obigen Abschnitt), sollen an dieser Stelle auch einige Thermogramme schadenfreier Konstruktionen gezeigt werden.

Wandecke – Beispiel 1

Bei jeder Außenwandecke ist eine gewisse Absenkung der innenseitigen Oberflächentemperatur im direkten Eckbereich zu beobachten. Dies stellt nicht automatisch einen Hinweis auf einen Mangel dar (vgl. auch Abschnitt 6.2.1).

Aufnahmedatum	Temperaturrandbedingungen		weitere Informationen
	Außenlufttemperatur	Innenlufttemperatur	
13.11.2005 nachts	ca. +2 °C	ca. +22 °C	./.

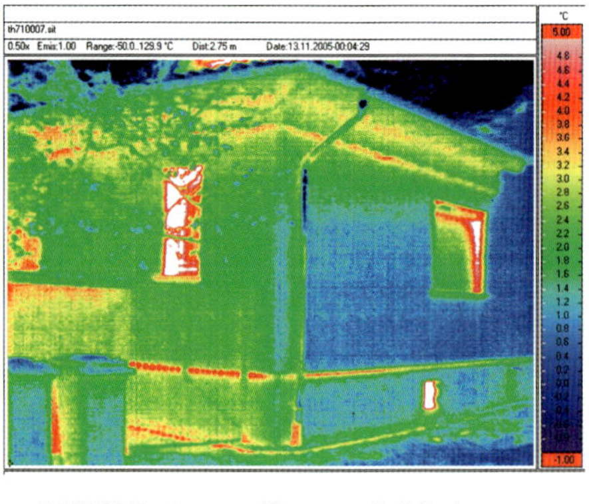

Abbildung 6-6 Schadenfreier Außenwandeckbereich eines mit WDV-System gedämmten Gebäudes (Dämmstoffdicke 10 cm, WLG 040)

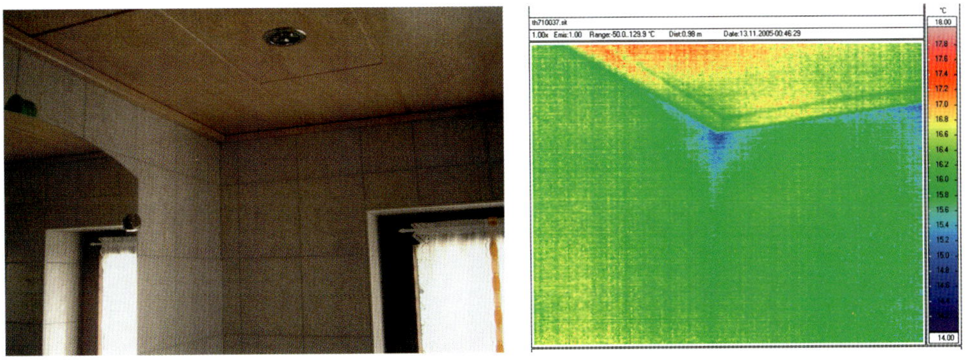

Abbildung 6-7 Schadenfreier Außenwandeckbereich, Innenansicht der Wandecke aus Abbildung 6-6

Ein übliches Vorgehen beim Thermografieren ist es, die Temperatur im Eckbereich mit der Temperatur im ungestörten Bereich zu vergleichen. Bei schadenfreien Konstruktionen wird die Differenz zwischen den Temperaturen nicht besonders groß ausfallen ($\Delta\theta_{si}$ ca. 2 – 3 K), zudem steigt die Oberflächentemperatur außerhalb der Ecke wieder schnell an. Weiterhin zeigen sich die Temperaturen in den angrenzenden, ungestörten Wandbereichen eher strukturlos und relativ gleichmäßig.

Tritt ein größerer Unterschied auf (und ist keine schlüssige Begründung vorhanden), könnte dieser Bereich eine Schwachstelle darstellen und sollte nach dem in Abschnitt 6.2.5 beschriebenen Verfahren näher untersucht werden.

Wandecke – Beispiel 2

Ein weiteres Beispiel unkritischer Außenwandecken zeigt Abbildung 6-8. Die Temperatur im Eckbereich ist etwa drei Kelvin geringer als im Flächenbereich, steigt aber außerhalb des unmittelbaren Ixelbereichs relativ schnell wieder an.

Aufnahmedatum	Temperaturrandbedingungen		weitere Informationen
	Außenlufttemperatur	Innenlufttemperatur	
27.01.2005 nachts	ca. 0 °C	ca. +22 °C	./.

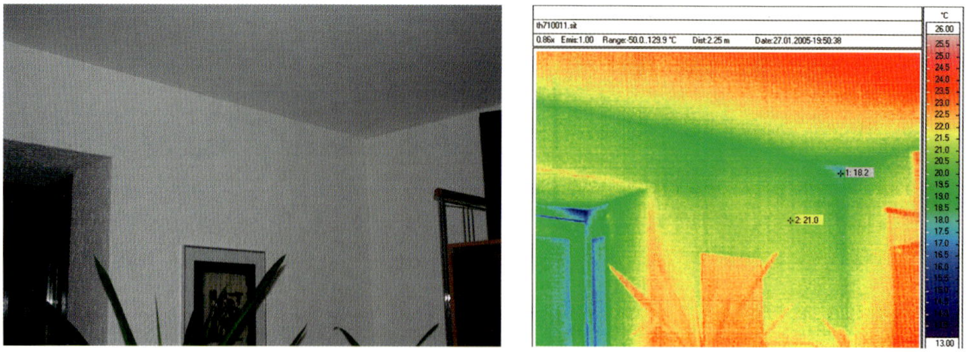

Abbildung 6-8 Schadenfreier Außenwandeckbereich mit zugehörigem Thermogramm

Verglasung – Beispiel 1

Fensterkonstruktionen stellen im Allgemeinen bei alten und neueren Gebäuden den Bereich mit einem (gegenüber den Wänden) schlechteren Wärmeschutz dar. Insbesondere die Rahmen und die wärmetechnische Problemstelle im Bereich des Randverbundes der Verglasung zeichnen sich daher meist in den Thermogrammen ab (z. B. im Thermogramm der Innenaufnahme, Abbildung 6-10). Neben diesen Bereichen kommt es auch an den Außenseiten der Fenster zum Aufsteigen von warmer Luft, die sich an den Vorsprüngen sammelt und bei relativ windstillem Wetter so zu den typischen Erwärmungen im Sturzbereich führt.

Aufnahme-datum	Temperaturrandbedingungen		weitere Informationen
	Außenluft-temperatur	Innenluft-temperatur	
13.11.2005 nachts	ca. +2 °C	ca. +22 °C	./.

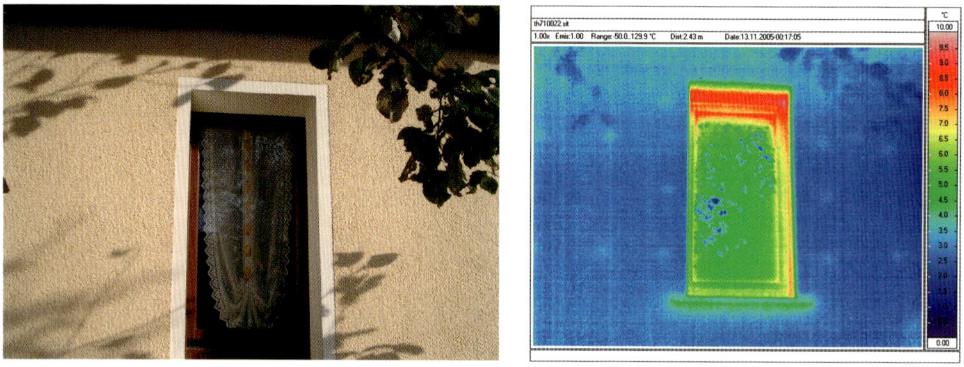

Abbildung 6-9 Außenansicht einer Holz-Fensterkonstruktion und zugehörige Thermografie. Im Thermogramm zeichnen sich die Befestigungsdübel des WDVS ab.

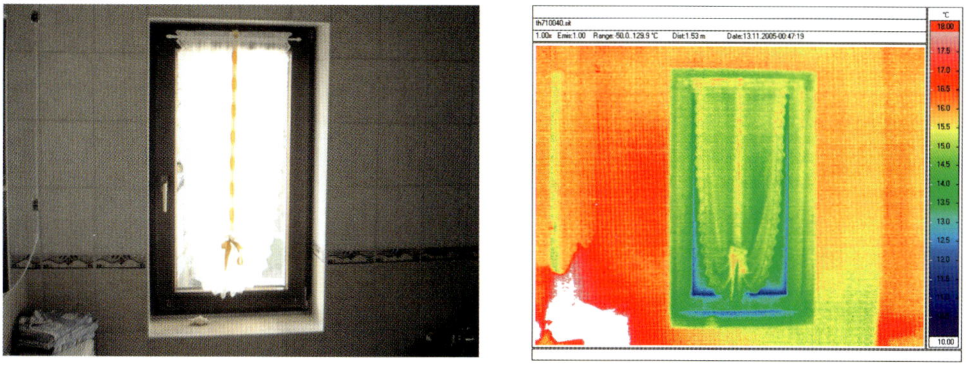

Abbildung 6-10 Fensterkonstruktion aus Abbildung 6-9; Innenthermografie des gleichen Fensters. Der Randverbund der Verglasung hebt sich als kälterer Bereich ab.

Die in Abbildung 6-9 sichtbare relativ starke Erwärmung des oberen Sturzes und des Rahmens im Außenthermogramm sind in diesem Fall auf die bis etwa eine halbe Stunde vor Durchführung der Thermografie vorhandene Kippstellung des Badfensters zurückzuführen. In der praktischen Thermografie muss daher auch besonders auf die äußeren Randbedingungen der Entstehung von Thermogrammen geachtet werden – bzw. müssen Auffälligkeiten durch gezielte Rückfragen beim Nutzer abgeklärt werden.

Verglasung – Beispiel 2

Im modernen Verwaltungsbau werden häufig großflächige Verglasungsflächen eingesetzt. Ein Thermogramm eines derartigen Gebäudes ist in Abbildung 6-11 gezeigt. Wie bereits oben gezeigt, weisen die Fensterrahmen (hier Holz) meist einen schlechteren Wärmeschutz gegenüber den Wänden auf und zeigen daher in einer Thermografie von außen höhere Oberflächentemperaturen. Weiterhin ist im Fenstersturzbereich der bei fast allen Thermogrammen von Fenstern typische »Warmluftschleier« der angestauten Luft sichtbar.

Aufnahmedatum	Temperaturrandbedingungen		weitere Informationen
	Außenlufttemperatur	Innenlufttemperatur	
10.03.2005 nachts	ca. 0 °C	ca. +20 °C	Thermogramm wurde aus drei einzelnen Thermogrammen zusammengefügt; Reflektionen der Wolken bzw. des Himmel sind im Thermogramm sichtbar.

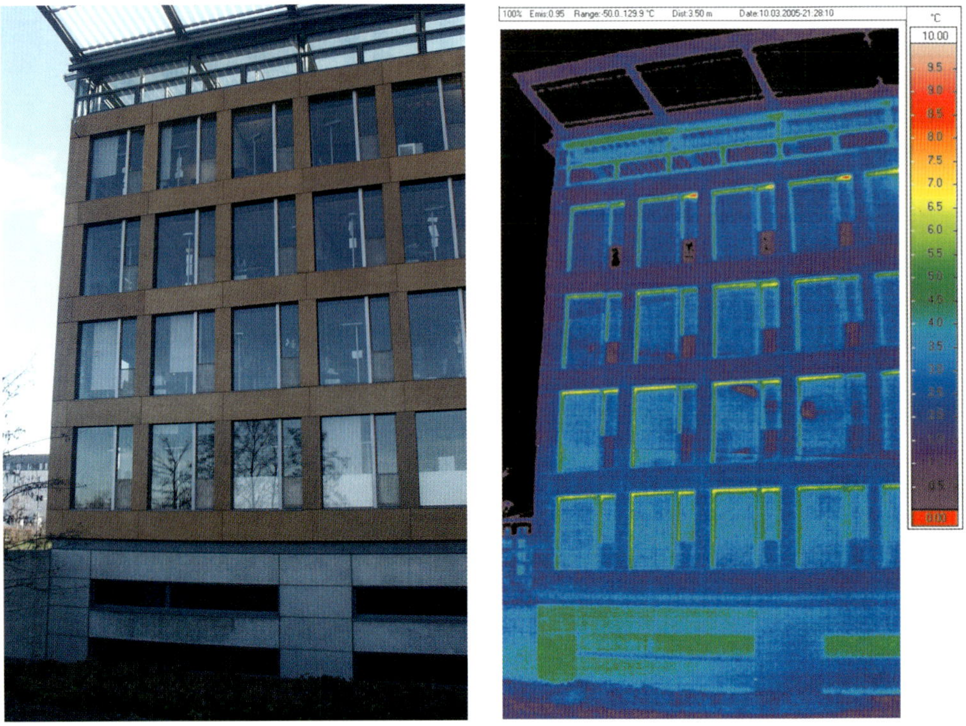

Abbildung 6-11 Fensterbandkonstruktion eines Verwaltungsgebäudes, übliches Aussehen von (wärmetechnisch) mängelfreien Fenstern im Thermogramm

Thermisch entkoppelte Bauteile

Die wärmebrückenarme thermische Entkopplung von Bauteilen zum Außenbereich ist beispielsweise bei Bauteilen mit hohen Temperaturen (Trennung von Heizestrichen) oder bei Bauteilen mit hohen Wärmeleitfähigkeiten (thermische Trennung von Stahlträgern) wichtig. Ein Beispiel einer vorbildlich thermisch getrennten Laufschiene der Terrassenfensterkonstruktion zeigt die Abbildung 6-12. Im Thermogramm zeigt sich die funktionsfähige Trennung im starken Abfall der Temperaturen im Schienenbereich. Ein Beispiel für eine nicht- bzw. funktionsfähige thermische Trennung eines Stahlbauteils ist in Abschnitt 7.1.3 gezeigt.

Aufnahmedatum	**Temperaturrandbedingungen**		**weitere Informationen**
	Außenlufttemperatur	**Innenlufttemperatur**	
27.01.2005 abends	ca. 0 °C	ca. +23 °C	Fußbodenheizung

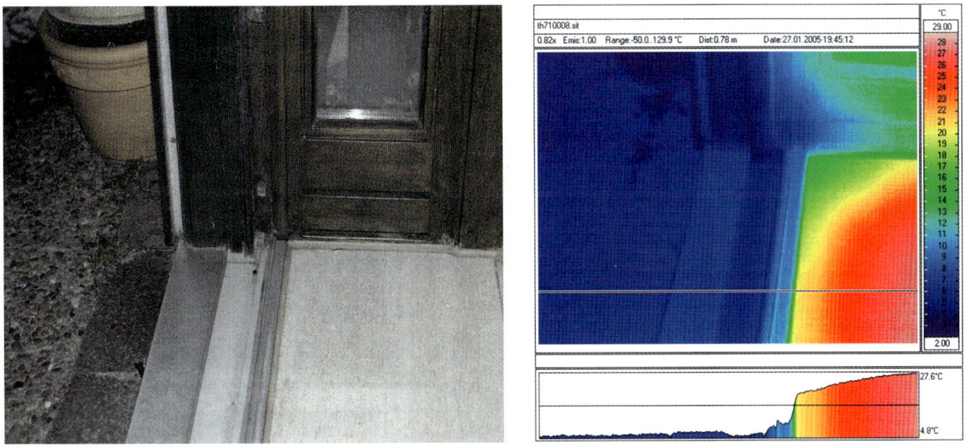

Abbildung 6-12 Thermisch getrennte Laufschiene einer Fensterkonstruktion

Außenwandkonstruktion eines Hochhauses

Mit Hilfe der bildgebenden Thermografie können Außenwandkonstruktionen schnell hinsichtlich ihres thermischen Verhaltens untersucht werden. Folgende Abbildung zeigt die Fassadenkonstruktion eines Hochhauskomplexes. Die gesamte Außenwandfläche weist ein gleichmäßiges Temperaturniveau auf, Fehlstellen sind nicht zu erkennen. Auffällig sind lokale Temperaturerhöhungen, die die zum Zeitpunkt der Aufnahme offenstehenden Fenster kennzeichnen.

Aufnahmedatum	Temperaturrandbedingungen		weitere Informationen
	Außenluft-temperatur	Innenluft-temperatur	
26.02.2005 mittags	ca. 0 °C	ca. 22 °C	tiefliegende Wolkendecke

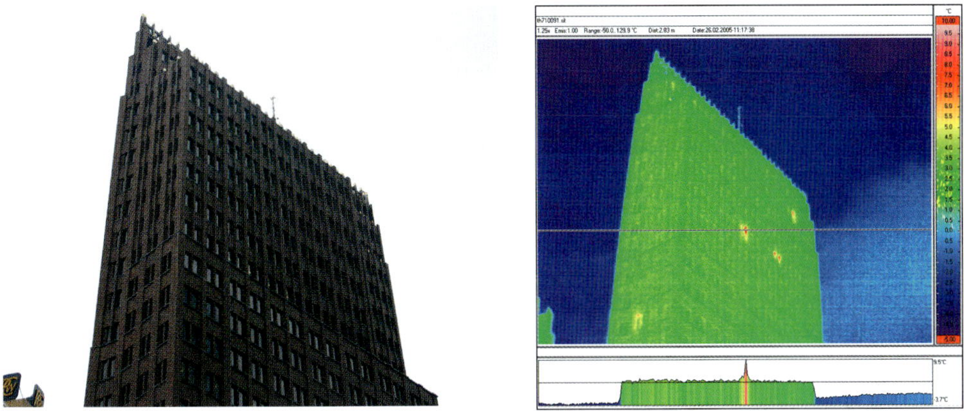

Abbildung 6-13 Fassade eines Hochhauses, Hotspots kennzeichnen geöffnete Fenster.

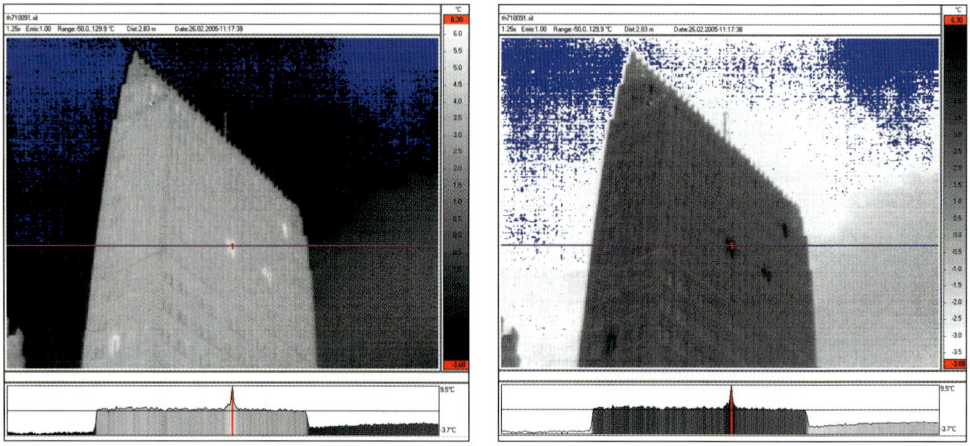

Abbildung 6-14 Dasselbe Thermogramm wie in Abbildung 6-13: Mit den Möglichkeiten der Auswertesoftware können interessante Bereiche besonders hervorgehoben werden.

6.2.5 Rechnerische Untersuchungsmöglichkeiten von Wärmebrücken

Mit der Thermografie lassen sich die Effekte von Wärmebrücken visualisieren und Schwachstellen aufdecken. Die Thermografie ist somit als wertvolles und zerstörungsfrei arbeitendes Hilfsmittel bei der Beurteilung von Baukonstruktionen zu verstehen. Gerade bei der Wärmebrückenproblematik besteht meist die Aufgabe zu beurteilen, ob eine Wärmebrücke schadenverursachend ist oder nicht. So entsteht häufig die Fragestellung, ob Feuchteschäden bzw. die Bildung von Schimmel durch eine mangelhafte Konstruktion oder durch das Nutzerverhalten verursacht wurden.

Den Untersuchungen mit der Thermografie, die zur Eingrenzung des auffälligen Bereichs und z. B. der Festlegung repräsentativer Probenentnahmen bzw. Öffnungsstellen dienen, sollte auch eine rechnerische Überprüfung folgen. Dass hierfür die Kenntnis des tatsächlichen Konstruktionsaufbaus mit den Materialeigenschaften notwendig ist, versteht sich von selbst.

Vermeidung geringer Innenoberflächentemperaturen und Schimmelpilzbildung

Schimmelpilze entstehen, wenn die in der Raumluft immer vorhandenen Pilzsporen zum Wachsen günstige Lebensbedingungen vorfinden. Untersuchungen zur Schimmelpilzbildung ergaben, dass primär die Oberflächenfeuchte der Bauteile ausschlaggebend für die Ansiedlung von Schimmelpilzen ist. So kann im Allgemeinen davon ausgegangen werden, dass es für die Bildung von Schimmelpilzen auf Bauteiloberflächen schon ausreichend ist, wenn die Raumluft im Bereich der Bauteiloberfläche so weit abkühlt, dass

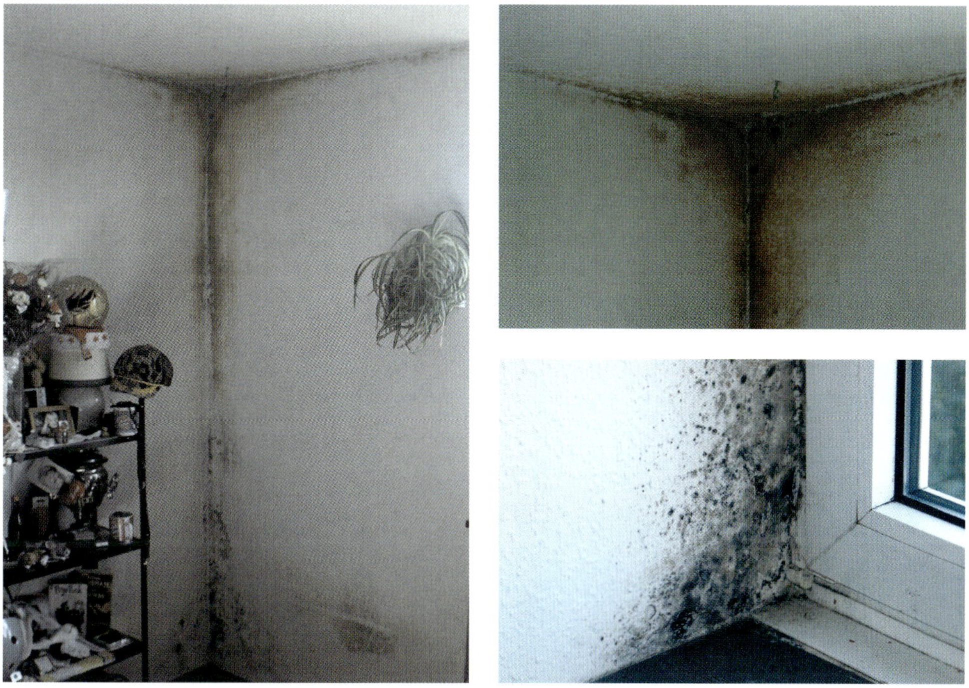

Abbildung 6-15 Extreme Schimmelpilzbildungen an Außenwandecken und im Fensterlaibungsbereich

die relative Luftfeuchte 80 % beträgt (nach neueren Untersuchungen unter bestimmten Randbedingungen auch schon bei relativen Luftfeuchten von 70 % [37]).

Meist kann auch ein ausreichendes Nährstoffangebot für das Wachstum der Schimmelpilze vorausgesetzt werden, wobei starke Verschmutzungen das Wachstum von Schimmelpilzen erheblich begünstigen. Weitere Parameter wie pH-Wert, Sauerstoffgehalt, CO_2-Gehalt und Licht haben dagegen nur einen geringen Einfluss.

Da sich geometrische und stoffliche Wärmebrücken in der Baupraxis nicht vermeiden lassen, ist zu definieren, wann eine Wärmebrücke als schadenverursachend anzusehen ist. Hierzu werden in der DIN EN ISO 13788 [16] und in der DIN 4108-2 [13] entsprechende Angaben gemacht. Im Verfahren der DIN EN ISO 13788 wird eine monatliche Betrachtungsweise angelegt und ein von der Konstruktion nicht zu unterschreitender Temperaturfaktor für die raumseitige Oberfläche f_{Rsi} bestimmt.

In DIN 4108-2 [13] wird unter Ansatz bestimmter stationärer Randbedingungen definiert, dass eine (schadensursächliche) Wärmebrücke vorliegt, wenn der Temperaturfaktor f_{Rsi} [./.] den Wert nach Gleichung [32] unterschreitet.

$$f_{Rsi} = \frac{\theta_{si} - \theta_e}{\theta_i - \theta_e} \geq 0{,}70 \qquad [32]$$

mit: θ_{si} Oberflächentemperatur innen [°C]
θ_i Lufttemperatur innen [°C]
θ_e Lufttemperatur außen [°C]

Für den Nachweis nach DIN 4108-2 [13] werden folgende Randbedingungen angesetzt:

Tabelle 6-1 Klimarandbedingungen für den Nachweis des Mindestwärmeschutzes im Bereich von Wärmebrücken zur Vermeidung von Oberflächenkondensat und Schimmelpilz

Außenlufttemperatur:	θ_e = -5 °C	(Mittelwert einer Fünf-Tages-Kaltperiode in Deutschland)
Innenlufttemperatur: rel. Feuchte:	θ_i = + 20 °C ϕ = 50%	(übliche Lufttemperatur und relative Feuchte eines genutzten Raumes)

Bei Wärmebrücken in Bauteilen, die sich nicht in Wohnräumen befinden, werden in der DIN 4108-2 explizit die anzusetzenden Temperaturrandbedingungen vorgegeben:

Keller, Erdreich: θ_e = + 10 °C
unbeheizte Pufferzone: θ_e = + 10 °C (z. B. Treppenhaus unbeheizt)
unbeheizter Dachraum: θ_e = -5 °C

Für die Wärmeübergangswiderstände wird in DIN 4108-2 bestimmt:

außen: R_{se} = 0,04 m^2K/W → Kehrwert: h_{se} = 25 $W/(m^2K)$
innen, beheizte Räume: R_{si} = 0,25 m^2K/W → Kehrwert: h_{si} = 4 $W/(m^2K)$
innen, unbeheizte Räume: R_{si} = 0,17 m^2K/W → Kehrwert: h_{si} = 5,882 $W/(m^2K)$

Die kritische innenseitige Oberflächentemperatur für die Vermeidung von Schimmelpilzbildung beträgt für die oben genannten Innenklimate $\theta_{si,cr}$ = + 12,6 °C. Bei der rechnerischen Beurteilung von Wärmebrücken bzw. eines Schimmelpilzbefalls ist daher zu prüfen, ob die Bauteiloberflächentemperatur den kritischen Wert übersteigt. Die in der Gleichung [32] aufgestellte Forderung $f_{Rsi} \geq 0{,}70$ kann durch Einsetzen der Standardrandbedingungen nach DIN 4108-2 und dem Grenzfall bei Erreichen der kritischen Oberflächentemperatur nachvollzogen werden:

$$f_{Rsi} = \frac{\theta_{si} - \theta_e}{\theta_i - \theta_e} = \frac{12{,}6 - (-5)}{20 - (-5)} = 0{,}70 \qquad [33]$$

mit: θ_{si} Oberflächentemperatur innen, hier $\theta_{si,\,cr}$ = 12,6 °C
θ_{si} Lufttemperatur innen, hier Standardwert nach DIN 4108-2
θ_{se} Lufttemperatur außen, hier Standardwert nach DIN 4108-2

Weichen die tatsächlich vorliegenden klimatischen Randbedingungen von den Normrandbedingungen ab (z. B. Schwimmbad, klimatisiertes Gebäude), müssen die Anforderungen den tatsächlichen Raumklimaten angepasst werden und die kritische Oberflächentemperatur bzw. f_{Rsi} neu bestimmt werden. Als Beispiel für eine rechnerische Untersuchung sei auf das Beispiel in Abschnitt 7.1.6 verwiesen.

Die messtechnische Untersuchung der Beziehung in Gleichung [33] kann meistens nicht direkt erfolgen, da in der Natur keine stationären Randbedingungen vorherrschen und das angesetzte Raumklima nicht konstant anliegt. Überschlägig und bei möglichst lang anhaltendem Vorherrschen von gleichmäßigen Wetter- und Innenraumverhältnissen kann die Gleichung des f_{Rsi}-Wertes benutzt werden, um eine bei den vor Ort herrschenden Temperaturen äquivalente Beziehung zwischen den Randbedingungen und den Messwerten abschätzend herzustellen. Durch Umstellen der Gleichung [33] zu

$$f_{Rsi} \cdot (\theta_i - \theta_e) + \theta_e = \theta_{si} \qquad [34]$$

kann für bekannte Randbedingungen die kritische Oberflächentemperatur bestimmt werden. Diese Gleichung kann nun dazu benutzt werden, die aktuell herrschenden Messwerte abschätzend zu beurteilen.

Beispiel: Das Außenklima beträgt längere Zeit ca. +3 °C, auf der Innenseite wird die Oberflächentemperatur zu ca. 14 °C bei nahezu gleichmäßiger Beheizung von ca. 22 °C bestimmt. Zur Abschätzung, ob diese Temperatur kritisch ist, wird die Auswertung in Gleichung [34] benutzt:

$$0{,}7 \cdot (22°C - 3°C) + 3°C = 16{,}3°C \qquad [35]$$

Unter der Voraussetzung, dass die Randbedingungen nahezu stationär waren, deutet die Temperatur von 14 °C auf eine zu geringe Oberflächentemperatur hin. Dieser Wandbereich wäre demnach genauer zu untersuchen.

Wie oben angedeutet kann das stationäre Nachweisverfahren der DIN 4108-2 die tatsächlich vorliegenden instationären Verhältnisse nur stark vereinfacht abbilden. Zur weitergehenden Analysemethodik der Bauphysik gehören daher auch die gekoppelten hygrothermischen Simulationen mit deren Hilfe instationäre Berechnungen des Wärme-, Feuchte- und Salztransportes in Bauteilen möglich sind. Die hierfür entwickelten Programmsysteme sind die Programmsysteme DELPHIN [9] und WUFI [45]. Mit Hilfe weitergehender Berechnungen lässt sich zum Beispiel auch das Schimmelpilzwachstumsrisiko prognostizieren (z. B. WUFI Bio, [46]). Mit diesen Methoden sind durchaus realistische Prognosen zum tatsächlichen Verhalten von Baukonstruktionen möglich.

Energetische Betrachtung – Bestimmung des Wärmeverlustes

Insbesondere im Rahmen der Nachweisführung für den energieeinsparenden Wärmeschutz (Energieeinsparverordnung – EnEV) ist die Kenntnis der zusätzlichen Wärmeverluste durch Wärmebrücken von Bedeutung. Die infolge von Wärmebrücken auftretenden Transmissionswärmeverluste H_T können allgemein durch die Verwendung von Wärmebrückenverlustkoeffizienten rechnerisch berücksichtigt werden:

Es wird unterschieden in:

- ψ (Psi), der die Wärmebrückenverluste bei linienförmigen Wärmebrücken pro laufendem Meter und Kelvin [W/(mK)] (zum Beispiel bei Gebäudekanten, Fenster-/Türeinbindungen, Wand-/Deckeneinbindungen, Auskragungen) angibt,
- χ (Chi), der die Wärmebrückenverluste bei punktförmigen Wärmebrücken (z. B. punktuelle Befestigungselemente an Wandkonstruktionen) pro Kelvin [W/K] angibt.

Die Angabe von Wärmebrückenverlustkoeffizienten ist auf eine Bezugsebene (Fläche) bezogen, wobei meist die Wärmebrückenverlustkoeffizienten innenmaßbezogen angegeben werden (Umrechnung auf Außenmaßbezug ist möglich).

Die Wärmebrückenverlustkoeffizienten werden mit Hilfe von geeigneten numerischen Programmen ermittelt oder durch die Anwendung von Wärmebrückenatlanten (in denen für übliche Konstruktionsarten die Koeffizienten abgelesen werden können) bestimmt. Eine zahlenmäßige Bestimmung der Wärmebrückenverlustkoeffizienten mit Hilfe der Thermografie ist nicht möglich, wohl aber die anschauliche Deutung der Wärmebrückenphänomene.

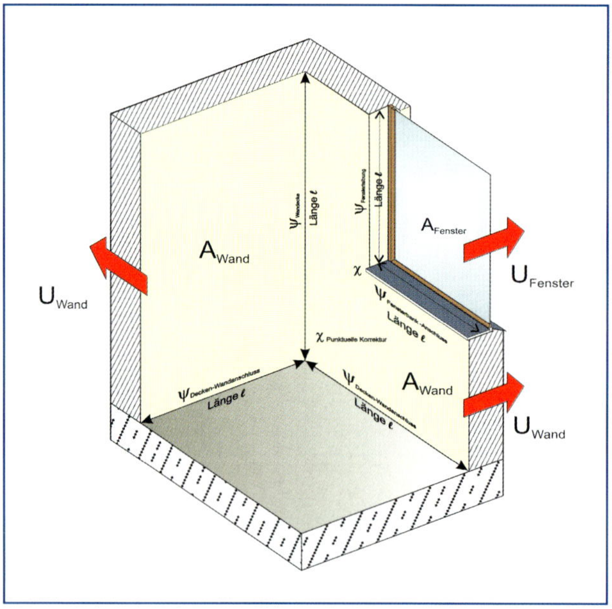

Abbildung 6-16 Anwendung der Wärmebrückenverlustkoeffizienten zur Berücksichtigung der Wärmeverluste durch Wärmebrücken am Beispiel eines Decken-Wand-Bereichs

Bei der Anwendung im Rahmen des energiesparenden Wärmeschutzes wird die in Abbildung 6-16 angegebene allgemeine Berechnungsgleichung mit so genannten Temperaturkorrekturfaktoren F modifiziert. Hinsichtlich der weiterführenden Literatur zur umfassenden Thematik von Wärmebrücken und deren Bedeutung im Bauwesen wird exemplarisch auf [6], [26] und [28] verwiesen.

7 Praxisbeispiele

7.1 Wärmebrücken

7.1.1 Außenwandecke mit auskragender Betondecke

In einem Mehrfamiliengebäude (Baujahr etwa 1965) wurden Tauwasserbildungen und beginnende Schimmelpilzbildungen in einem Außenwand-Eckbereich eines Arbeitszimmers festgestellt. Im Rahmen der Ursachenfindung wurde eine Thermografieuntersuchung des betreffenden Wandbereichs vorgenommen. Die Aufnahme zeigt eine von der Innenseite aufgenommene, außenseitig an einen Balkon angrenzende Wandecke des Arbeitszimmers.

Das innenseitig aufgenommene Thermogramm zeigt eine starke Abkühlung der deckennahen Außenwand und der angrenzenden Deckenbereiche (Differenz zum ungestörten Wandbereich etwa 5 Kelvin).

Ursächlich für die festgestellte starke Abkühlung auf der Wandinnenseite ist die geometrische Ausbildung der Konstruktion im Eckbereich. Neben der nicht vermeidbaren geometrischen Wärmebrückenbildung der Wandecke schließt außerdem oberhalb der Außenwandecke die thermisch nicht getrennte Betondeckenkonstruktion an (vgl. Abbildung 7-3).

Aufnahmedatum	Temperaturrandbedingungen		weitere Informationen
	Außenlufttemperatur	Innenlufttemperatur	
22.12.2004 abends	ca. -1 °C	ca. +22 °C	Innenaufnahme, stabile Kaltwetterlage über einen längeren Zeitraum

Abbildung 7-1 Deckenixel der Außenwandecke

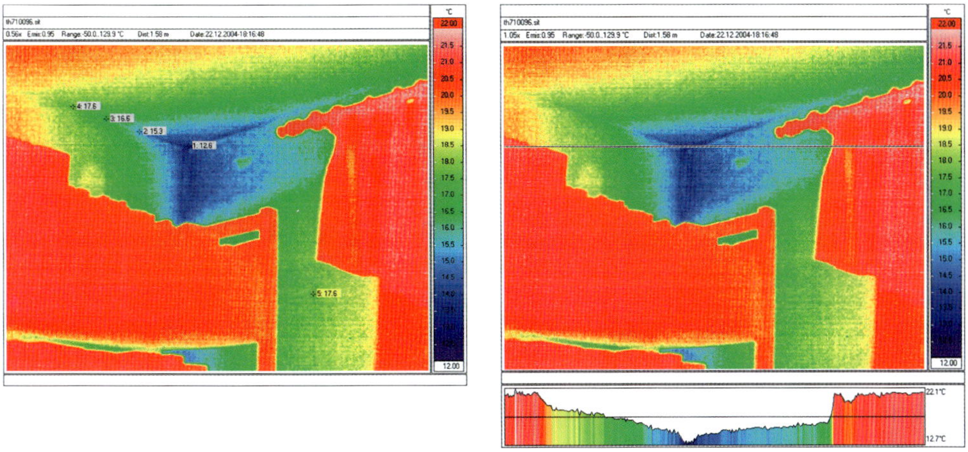

Abbildung 7-2 Thermogramm Eckbereich. Mit der Auswertesoftware ist die Darstellung einzelner Bezugstemperaturen entlang des Decken-Wandüberganges bzw. permanent entlang einer Bezugslinie möglich.

Abbildung 7-3 Außenansicht im Bereich des Balkons mit der im Balkonbereich durchlaufenden Betondecke

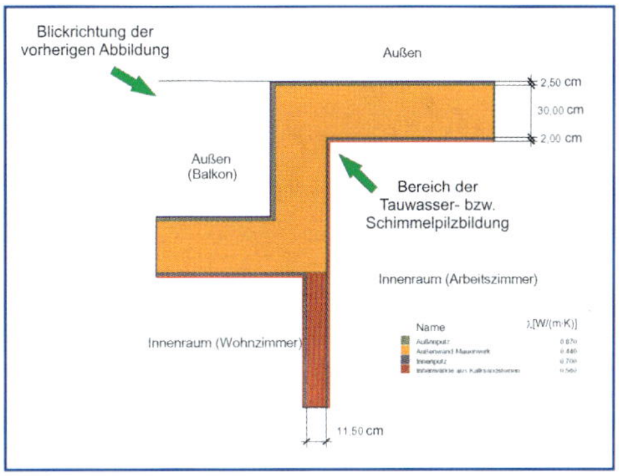

Abbildung 7-4 Geometrie und Aufbau der Wandecke, Horizontalschnitt unterhalb der Deckeneinbindung

Es liegt somit sowohl eine geometrische (durch die Ecke) als auch stoffliche (infolge der durchgehenden Deckenplatte und des Fenstersturzes) Wärmebrücke vor. Anzumerken ist, dass zur Zeit der Errichtung des Gebäudes die konstruktive Trennung auskragender Bauteile noch nicht Stand der Technik war und auch der Wärmedämmstandard zum damaligen Zeitpunkt mit heutigen Anforderungen nicht vergleichbar ist.

Hinsichtlich der Nutzung wurde den Mietern empfohlen, das im Eckbereich angestellte Regal (vgl. Abbildung 7-1) weiter vom kritischen Eckbereich abzurücken. Durch diese Maßnahme wird erreicht, dass der Eckbereich durch die Verringerung des Wärmeübergangwiderstandes auf der Wandinnenseite besser erwärmt wird.

7.1.2 Ungedämmter Fenstersturz

Eine typisch stoffbedingte Wärmebrücke liegt bei Bauteilen mit unterschiedlichen Wärmeleitfähigkeiten vor (vgl. Abschnitt 6.2.1). Als klassischer Vertreter kann ein ungedämmter Betonfenstersturz angesehen werden. Ein derartiges Bauteil ist in Abbildung 7-5 bzw. in Abbildung 7-6 als Thermogramm gezeigt.

Im Thermogramm ist die Wärmebrückenwirkung des Betonsturzes durch die deutlich erhöhte Oberflächentemperatur sichtbar. So beträgt die Oberflächentemperatur etwa $\theta_{se} = 5{,}3$ °C gegenüber der nahezu ungestörten Wandoberflächentemperatur mit $\theta_{se} = 1{,}1$ °C.

Aufnahmedatum	Temperaturrandbedingungen		weitere Informationen
	Außenlufttemperatur	Innenlufttemperatur	
13.11.2004 nachts	ca. 0 °C	ca. +22 °C	Außenaufnahme, Klimarandbedingungen stabil (Außenlufttemperaturen um 0 °C lagen bereits vier Tage lang an)

Abbildung 7-5 Mauerwerkskonstruktion mit ungedämmtem Fenstersturz (Stahlbeton), rechts: Bild aus der Bauzeit mit Lage der Betonstürze

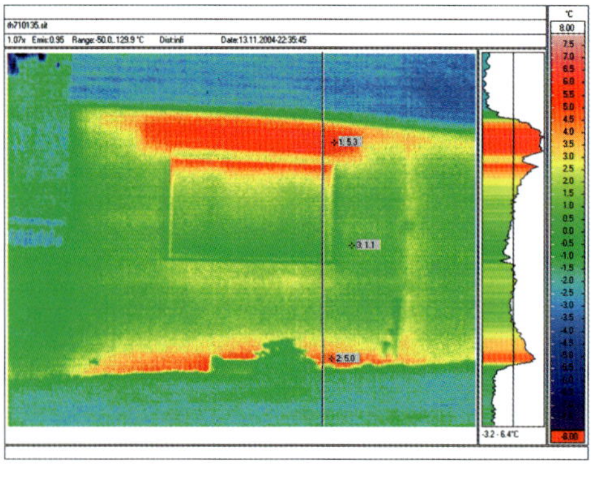

Abbildung 7-6 Thermogramm mit vertikaler Temperaturverteilung. Zum Zeitpunkt der Aufnahme (nachts) war die Jalousie des Fensters geschlossen, im Keller befindet sich die Heizungsanlage des Wohnhauses (Abwärme).

Eine weitere Wärmebrücke ist am Übergang Keller-/Erdgeschoss zu erkennen. Hierbei ist zu beachten, dass im Keller die Heizungsanlage (Ölheizung) installiert ist, die eine erhebliche Abwärme produziert und somit eine Deutung der hohen Oberflächentemperaturen erst möglich macht.

Dem Eigentümer des Gebäudes wurde mit Hilfe der Aufnahmen der wärmetechnische Zustand des Gebäudes mit den vorhandenen Schwachstellen aufgezeigt. Eine signifikante Verbesserung der vorgefundenen Situation ist nur durch die Aufbringung einer Wärmedämmung möglich. Hierbei ist natürlich die Wirtschaftlichkeit, das heißt die zu erwartenden Energieeinsparungen im Verhältnis zu den Kosten der Dämm-Maßnahme zubeachten. Stehen jedoch Renovierungs- oder Umbaumaßnahmen an, sollte man auch über den meist (geringeren) Mehraufwand für Wärmedämm-Maßnahmen nachdenken. Hierbei sei an dieser Stelle darauf hingewiesen, dass der Gesetzgeber bei bestimmten Baumaßnahmen an Bestandsbauten sowieso Maßnahmen zur Verbesserung des Wärmedämmstandards fordert (EnEV).

7.1.3 Stahlträger ohne thermische Trennung durch Fassade geführt

Besonders kritische Wärmebrückenwirkungen können an Bauteilen entstehen, die aufgrund der Materialauswahl eine hohe Wärmeleitfähigkeit aufweisen. In folgendem Beispiel ist ein Stahlträger gezeigt, der aus einem besonders warmen Innenraum (Schwimmbad) ungedämmt nach außen geführt wird. Im Durchstoßungsbereich wurden Undichtigkeiten bzw. Unterbrechungen der Wärmedämmebene festgestellt. Im Thermogramm ist die Wärmebrückenwirkung im Bereich der Trägerdurchführung anschaulich gezeigt (vgl. Abbildung 7-7).

Üblicherweise werden derartige Wärmebrücken durch Hilfskonstruktionen thermisch getrennt, um die Wärmeleitung gezielt zu unterbrechen bzw. zu verringern. Eine zum Anschluss von zwei Stahlprofilen geeignete Konstruktion ist exemplarisch in Abbildung 7-8 gezeigt.

Vergleichend ist in Abbildung 7-9 eine Thermografie eines thermisch getrennten Stahlträgerprofils gezeigt. Durch die thermische Trennung ist keine signifikante Erwärmung des von innen nach außen durchgeführten Stahlträgers zu erkennen.

Neben den erhöhten Wärmeverlusten, der Problematik der Schimmelpilzbildungen und der allgemeinen Zerstörung der Baukonstruktion ist im Innenraum von Schwimmbädern dem Abtropfen von entstandenem Tauwasser Beachtung zu schenken. Hierbei wird es von den Gästen verständlicherweise als äußerst unangenehm empfunden, wenn Tauwasser von Bauteiloberflächen abtropft. Zudem wird die Tauwasserbildung von Laien auch vielfach als Undichtigkeit an der Konstruktion gedeutet. Praktische Bedeutung hat dies insbesondere bei Glaskuppel und Oberlichtern, die meist systemimmanent eine schlechtere Wärmedämmung als die opaken Bauteile aufweisen und an denen am ehesten ein

Tauwasseranfall zu beobachten ist. Diese Bauteile sollten daher über Warmluftschleier zur Verhinderung von Tauwasserbildung oder über eine kontrollierte Wasserableitung über Rinnen verfügen. Kann die Tauwasserbildung auf herkömmliche Weise nicht ver hindert werden, ist es auch in Einzelfällen möglich, eine Beheizung der Wärmebrücken, z. B. durch selbstregulierende Heizbänder, zu realisieren (vgl. auch [34]).

Aufnahme-datum	Temperaturrandbedingungen		weitere Informationen
	Außenluft-temperatur	Innenluft-temperatur	
01.03.2002 früh	ca. +2 °C	ca. +32 °C	hohe Innenlufttemperaturen bedingt durch Schwimmbad

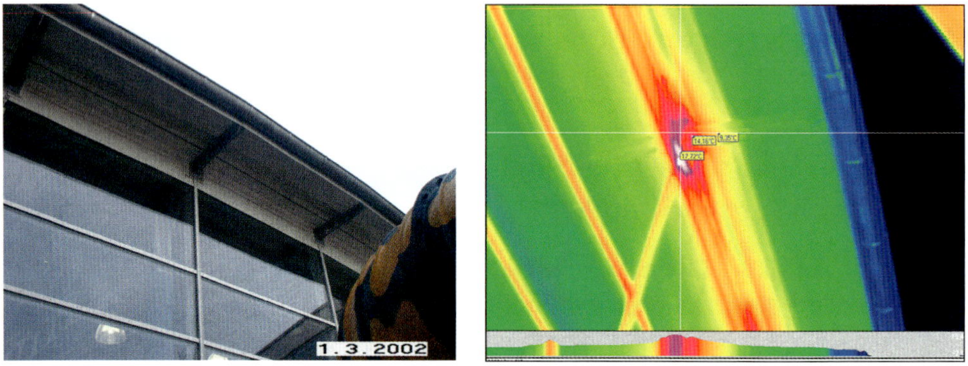

Abbildung 7-7 Auskragender Stahlträger wird ungedämmt durch die Fassade geführt, die Wärmebrückenwirkung durch die Temperaturerhöhung am Durchstoßpunkt ist deutlich sichtbar.

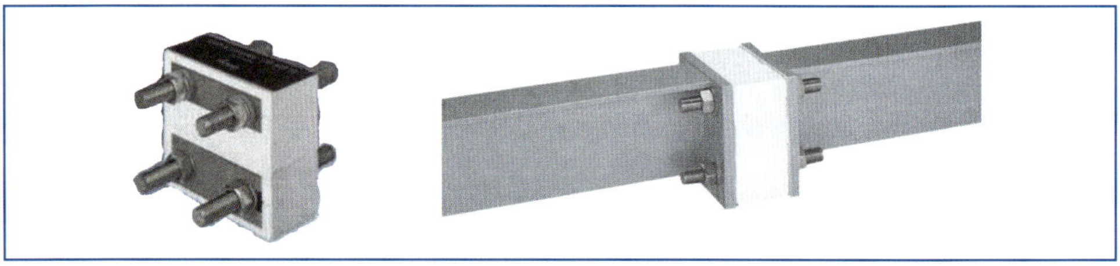

Abbildung 7-8 Möglichkeit der thermischen Trennung von Stahlträgern (Quelle: Fa. Schöck, Baden-Baden)

Aufnahme-datum	Temperaturrandbedingungen		weitere Informationen
	Außenluft-temperatur	Innenluft-temperatur	
18.10.2005 früh	ca. +6 °C	ca. +22 °C	./.

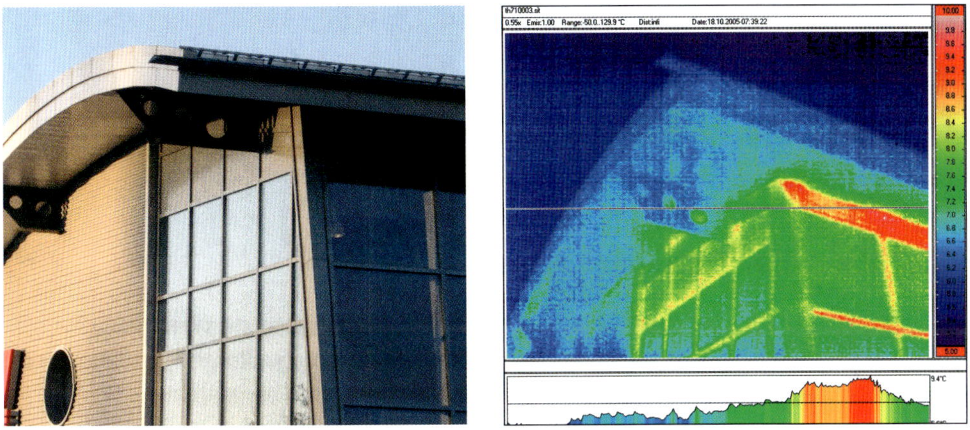

Abbildung 7-9 Thermografie eines thermisch getrennten Stahlträgers

7.1.4 Durch die Wärmedämmebene geführte massive Rundstütze

Vielfach lassen sich durch die Wärmedämmebene hindurchgeführte massive Bauteile aus konstruktiven bzw. statischen Randbedingungen nicht vollständig vermeiden. Eine durch die Wärmedämmebene durchgehende Stahlbetonstütze ist in Abbildung 7-10 gezeigt. Die durch die typische Erwärmung des Stützenkopfes sichtbare Wärmebrückenproblematik führt in diesem Fall nicht zu baulichen Schäden und ist vielmehr als energetische Wärmebrücke relevant.

Im vorliegenden Fall - die Stütze befindet sich in einer unbeheizten Pufferzone (Tiefgarage) - wären mögliche Maßnahmen zur Verringerung der energetischen Wärmeverluste mit den zu erwartenden Einsparungen und dem materiellen Aufwand abzuwägen.

Aufnahme-datum	Temperaturrandbedingungen		weitere Informationen
	Außenluft-temperatur	Innenluft-temperatur	
10.03.2005 nachts	ca. +1 °C	ca. +22 °C	Stütze befindet sich in einer natürlich durchlüfteten Tiefgarage unter einem beheizten Bürobereich

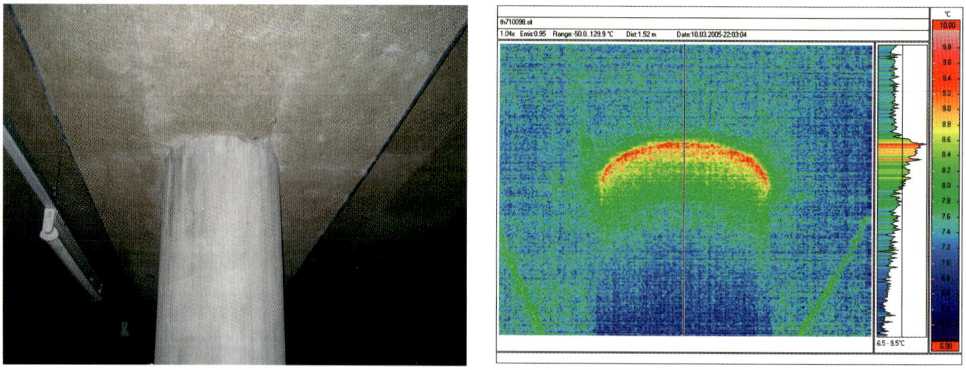

Abbildung 7-10 Durch die Wärmedämmebene durchgeführte Betonstütze

7.1.5 Einbauteil Rollladenkasten

Im Zuge einer Bestandsaufnahme wurde das im Folgenden gezeigte Wohnhaus thermografisch untersucht. Um einen möglichst hohen Temperaturgradienten zu bekommen, wurden vom Bauherrn besonders hohe Innenlufttemperaturen eingestellt.

Aufnahme-datum	Temperaturrandbedingungen		weitere Informationen
	Außenluft-temperatur	Innenluft-temperatur	
23.01.2005 nachmittags	ca. 0 °C	ca. +28 °C	Außenaufnahme, relativ hohe Innenlufttemperatur durch vorheriges Aufheizen

Abbildung 7-11 Wohnhaus zum Zeitpunkt der Thermografie und während der Bauphase, oberhalb der Fenster befindet sich der gedämmte Rollladenkasten und der umlaufende Ringbalken (U-Schalen mit Stahlbeton)

In den Thermografieaufnahmen wurden insbesondere im Bereich oberhalb der Fenster lokal erhöhte Temperaturen festgestellt. Die größte Erwärmung wurde hierbei nicht direkt am Fenster festgestellt, sondern vielmehr etwas oberhalb des Fensters. Mit Hilfe vorhandener Bauunterlagen konnten diese Erscheinungen auf das Eindringen von warmer Innenluft in den in die Wandkonstruktion integrierten Fensterrollladenkasten

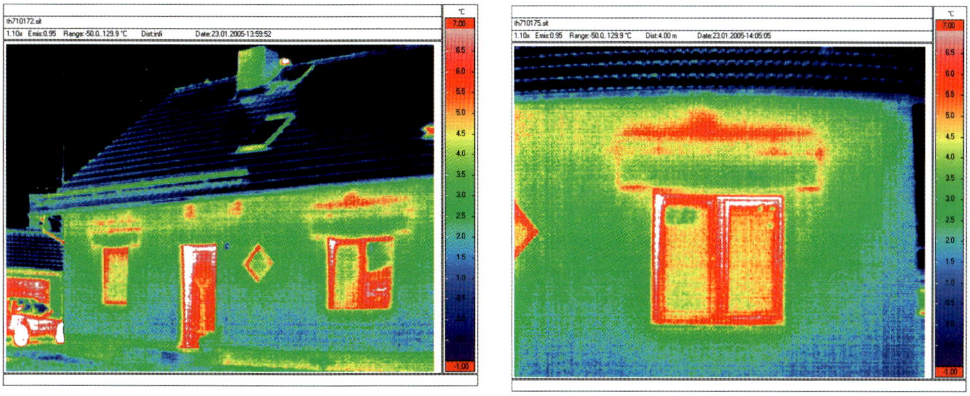

Abbildung 7-12 Thermogramme, links: Gesamtansicht, rechts: Fenster mit sich abhebenden Umrissen des Rollladenkastens

zurückgeführt werden. Die warme Luft erwärmte hierbei den oberhalb des Rollladenkastens angeordneten Ringbalken, sodass eine lokale Temperaturerhöhung zum ungestörten Wandbereich von etwa 2 Kelvin festgestellt wurde.

Für die Thermografiepraxis ist daher abzuleiten, dass es für spezielle Beurteilungen der Feststellungen sehr wichtig ist, den allgemeinen Wandaufbau sowie Details zu kennen.

Weitere Untersuchungen wurden am selben Gebäude an einem vom Grundriss dreieckig vorstehenden Anbau vorgenommen. Wie in Abbildung 7-13 gezeigt, herrschte zum Zeitpunkt der Thermografie eine direkte Sonneneinstrahlung. Wie auch in den Ausführungen in Abschnitt 6.1.1 bereits erläutert, sind Außenthermografien unter diesen Randbedingungen nicht aussagefähig. Die Thermografieaufnahme der Wand- Deckenecke wurde daher von der Innenseite vorgenommen und ist in Abbildung 7-14 gezeigt.

Das Thermogramm zeigt zum einen eine deutlich erkennbare Absenkung der Innenoberflächentemperatur im Eck- und Deckenbereich und zum anderen eine Absenkung der Oberflächentemperatur im Auflagerbereich des Fenstersturzes/Rollladenkastens.

Die Absenkung der Oberflächentemperatur an der Deckenunterseite war auf eine nicht vollflächig aufgebrachte Wärmedämmung oberhalb der massiven Dachdecke zurückzuführen (vgl. Abbildung 7-13). Hierdurch konnte kalte Außenluft die aufgelegte Wärmedämmung unterspülen und somit eine Abkühlung der Decke herbeiführen.

Im Bereich der Rollladenkästen wurden im Auflagerbereich offensichtlich gut wärmeleitende Materialien verwendet (Mörtelauflager zum Ausrichten), sodass hier lokale stoffbedingte Wärmebrücken vorhanden sind. Diese Bereiche stellen jedoch nur lokal begrenzte Schwachstellen dar, die insgesamt als unkritisch und nicht schadenverursachend zu bewerten sind.

Aufnahme-datum	Temperaturrandbedingungen		weitere Informationen
	Außenluft-temperatur	Innenluft-temperatur	
23.01.2005 nachmittags	ca. 0 °C	ca. +28 °C	Innenaufnahme, Flüssigtapete aus Viskose, Zellstoff und Baumwollfasern, relativ hohe Lufttemperatur durch vorheriges Aufheizen

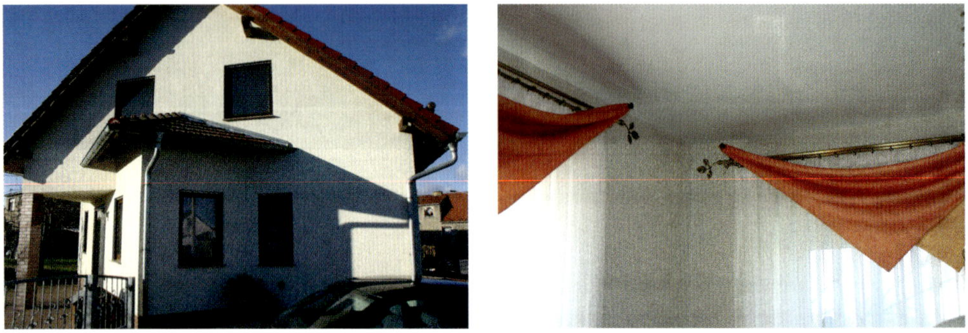

Abbildung 7-13 Dreieckiger Anbau, rechts: Eckbereich als Innenansicht

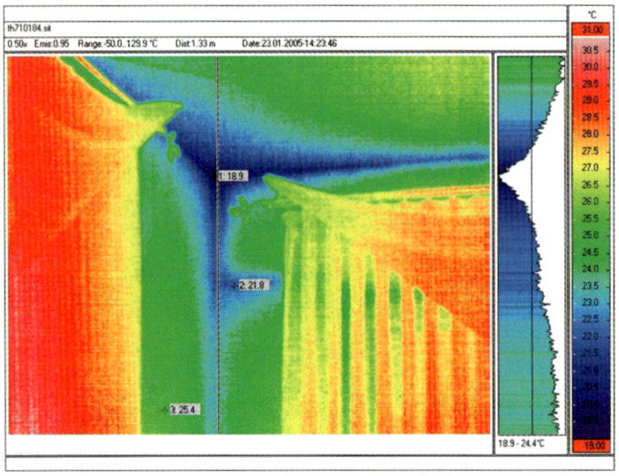

Abbildung 7-14 Thermogramm, starke Absenkung der Oberflächentemperaturverteilung im direkten Eckbereich

Abbildung 7-15 Aufnahme des untersuchten Wandbereichs in der Bauphase

7.1.6 Schimmelpilzbildung an einer Außenwandecke – ausführliche Beurteilung

In einem Schlafzimmer eines Wohnhauses wurde vom Mieter eine beginnende Schimmelpilzbildung bemängelt. Hierzu wurde im Rahmen eines Sachverständigengutachtens neben der Beurteilung des Heizungs- und Lüftungsverhaltens und der Untersuchung der Baukonstruktion eine Thermografieaufnahme in der kalten Jahreszeit vorgenommen.

In den Thermografieaufnahmen ist im Deckenixelbereich eine auffallend durchgängige und gleichartige Abkühlung festzustellen. Derartig gleichmäßige Temperaturdifferenzen zwischen dem angrenzenden ungestörten Wandbereich und dem Übergang zum Deckenbereich sind als Indiz für eine konstruktive Besonderheit zu bewerten. Mit dem Bauherrn wurde der Konstruktionsaufbau im kritischen Wandbereich näher untersucht. Nach den Auswertungen der Baupläne zeigte sich, dass im Außenbereich ein durchgängiger Ringbalken auf den Porenbetonziegeln innerhalb einer U-Schale angeordnet wurde. Die U-Schale wurde hierbei vollständig ausbetoniert und nicht - wie geplant - zusätzlich mit einer Wärmedämmung im Außenbereich versehen.

Aufnahme-datum	Temperaturrandbedingungen		weitere Informationen
	Außenluft-temperatur	Innenluft-temperatur	
16.01.2005 mittags	ca. 0 °C	ca. +22 °C	Innenthermografie, Außenwand besteht aus Mauerwerk ohne zusätzliche Wärmedämmung, niedrige Außentemperaturen lagen ca. zwei Tage vor Ortstermin konstant an.

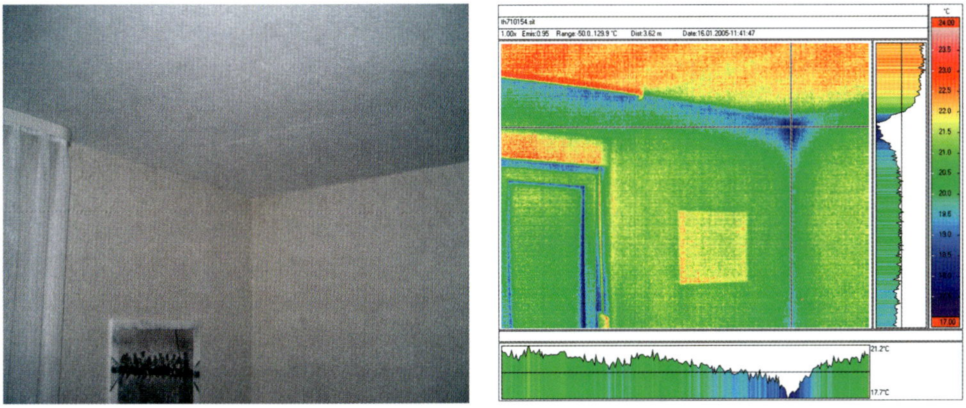

Abbildung 7-16 Außenwandecke eines Schlafzimmers

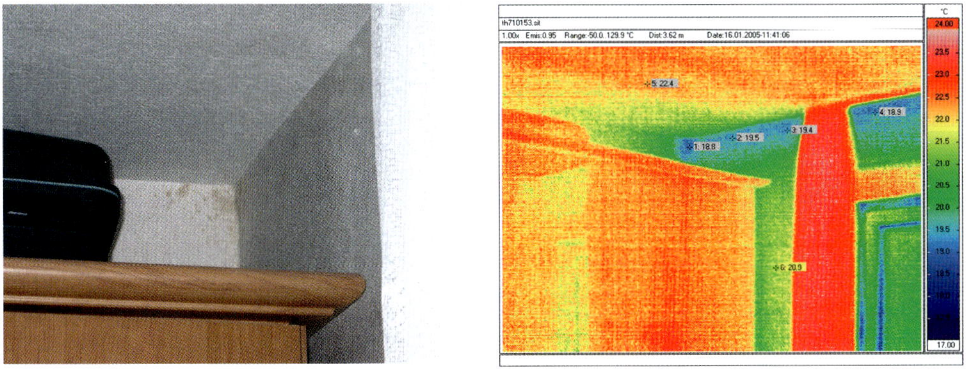

Abbildung 7-17 Beginnende Schimmelpilzbildung im Eckbereich

Abbildung 7-18 Mögliche Formen von U-Schalen, rechts mit bereits werksseitig eingebrachter Wärmedämmung

Mit Hilfe eines geeigneten Rechenprogramms [33] wurde der Bereich der Wärmebrücke nach den Regeln der DIN 4108-2 numerisch untersucht (vgl. Abschnitt 6.2.5).

Der vorhandene Konstruktionsaufbau des Decken-Wandbereichs ist in Abbildung 7-19, das berechnete Temperaturfeld mit den kritischen Oberflächentemperaturen in Abbildung 7-20 dargestellt.

Die minimale Oberflächentemperatur wurde zu θ_{si} = 11,6 °C berechnet und ist somit kleiner als die kritische Oberflächentemperatur $\theta_{si,\,cr}$ = 12,6 °C.

$$f_{Rsi} = \frac{\theta_{si} - \theta_e}{\theta_i - \theta_e} = \frac{11{,}6\ °C - (-5{,}0\ °C)}{20\ °C - (-5{,}0\ °C)} = 0{,}66 < 0{,}70$$

Das Auftreten von Tauwasser- und Schimmelpilzbildungen ist somit auch unter Annahme eines ordnungsgemäßen Heizungs- und Lüftungsverhaltens nicht auszuschließen. Als ursächlich für die beginnende Schimmelpilzbildung ist der im Rahmen der Bauausführung nicht wärmegedämmte Ringbalkenbereich der Konstruktion anzusehen.

Vergleichend wurden das Temperaturfeld und die kritischen Oberflächentemperaturen auch für den geplanten Konstruktionsaufbau numerisch berechnet (Abbildung 7-21 und Abbildung 7-22).

Die minimale Oberflächentemperatur beträgt θ_{si} = 13,3 °C und ist somit höher als die nicht zu unterschreitende kritische Oberflächentemperatur $\theta_{si,\,cr}$ = 12,6 °C.

$$f_{Rsi} = \frac{\theta_{si} - \theta_e}{\theta_i - \theta_e} = \frac{13{,}3\ °C - (-5{,}0\ °C)}{20\ °C - (-5{,}0\ °C)} = 0{,}73 > 0{,}70$$

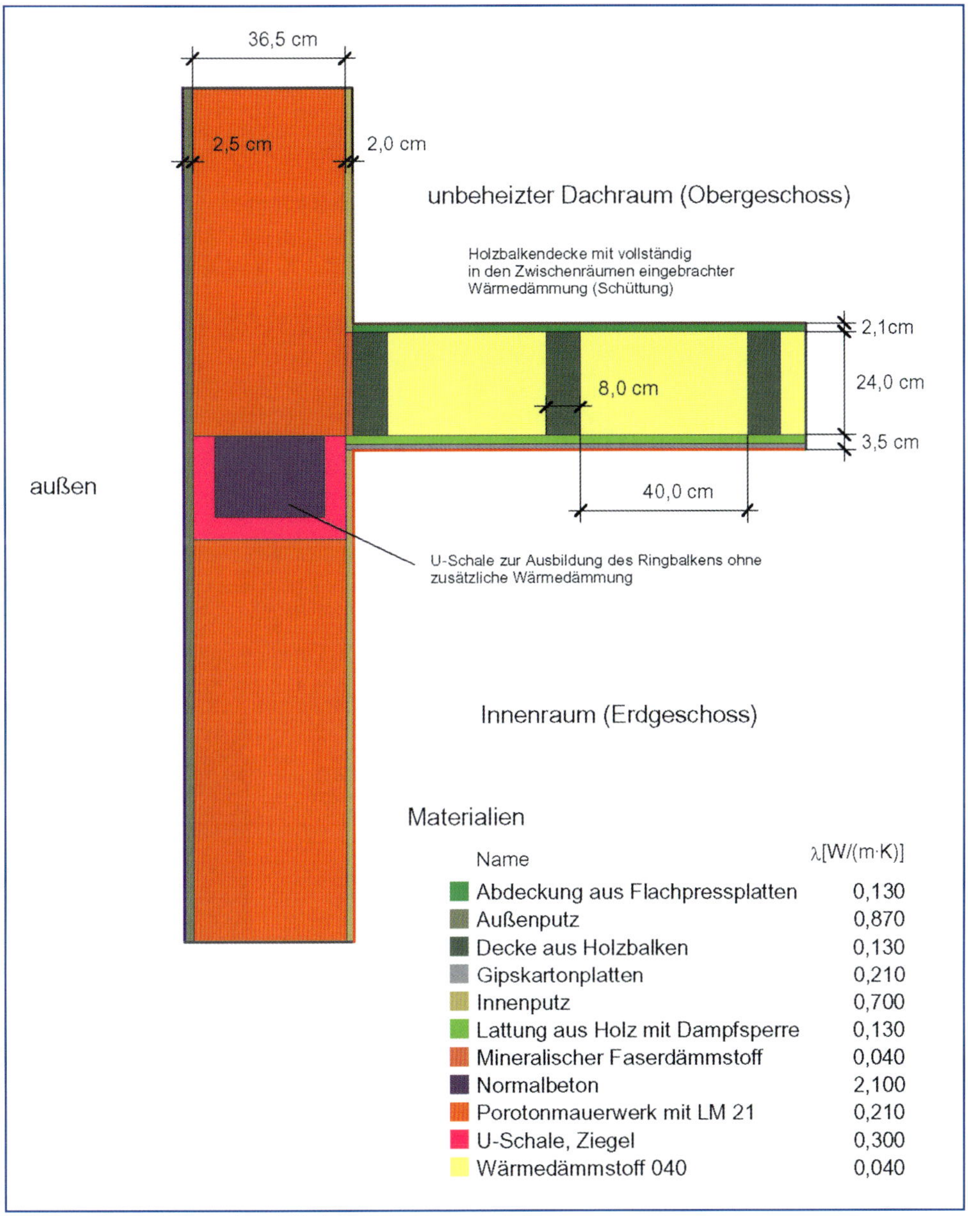

Abbildung 7-19 Konstruktionsaufbau ohne zusätzlich wärmegedämmte U-Schale (vorgefundene Konstruktion)

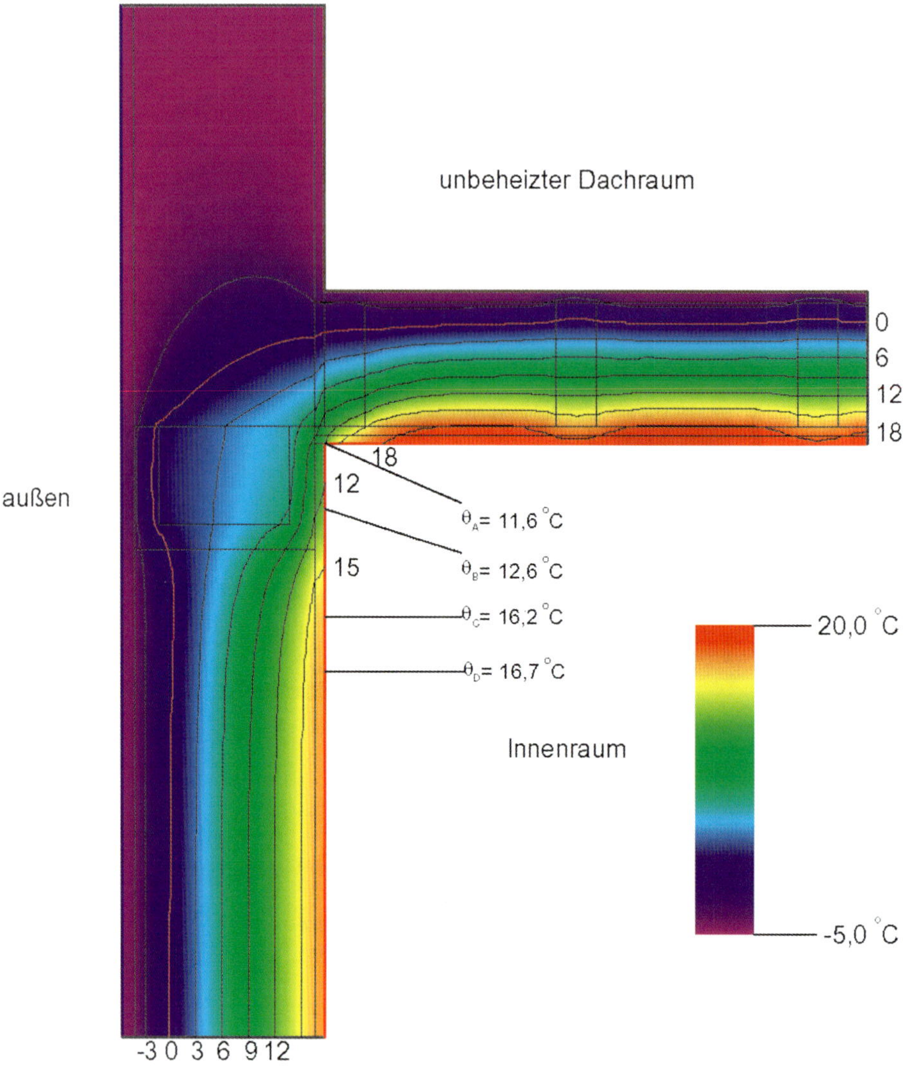

Randbedingungen

Name	q[W/m²]	θ[°C]	h[W/(m²·K)]
Außen DIN 4108-2: 2003-07, Abs. 6.2		-5,000	25,000
Innen DIN 4108-2: 2003-07, Abs. 6.2		20,000	4,000
Symmetrie/Bauteilschnitt	0,000		
unbeheizter Dachraum DIN 4108-2: 2003-07, Abs. 6.2		-5,000	5,880

Abbildung 7-20 Temperaturverteilung beim Konstruktionsaufbau ohne zusätzlich wärmegedämmte U-Schale (vorgefundene Konstruktion)

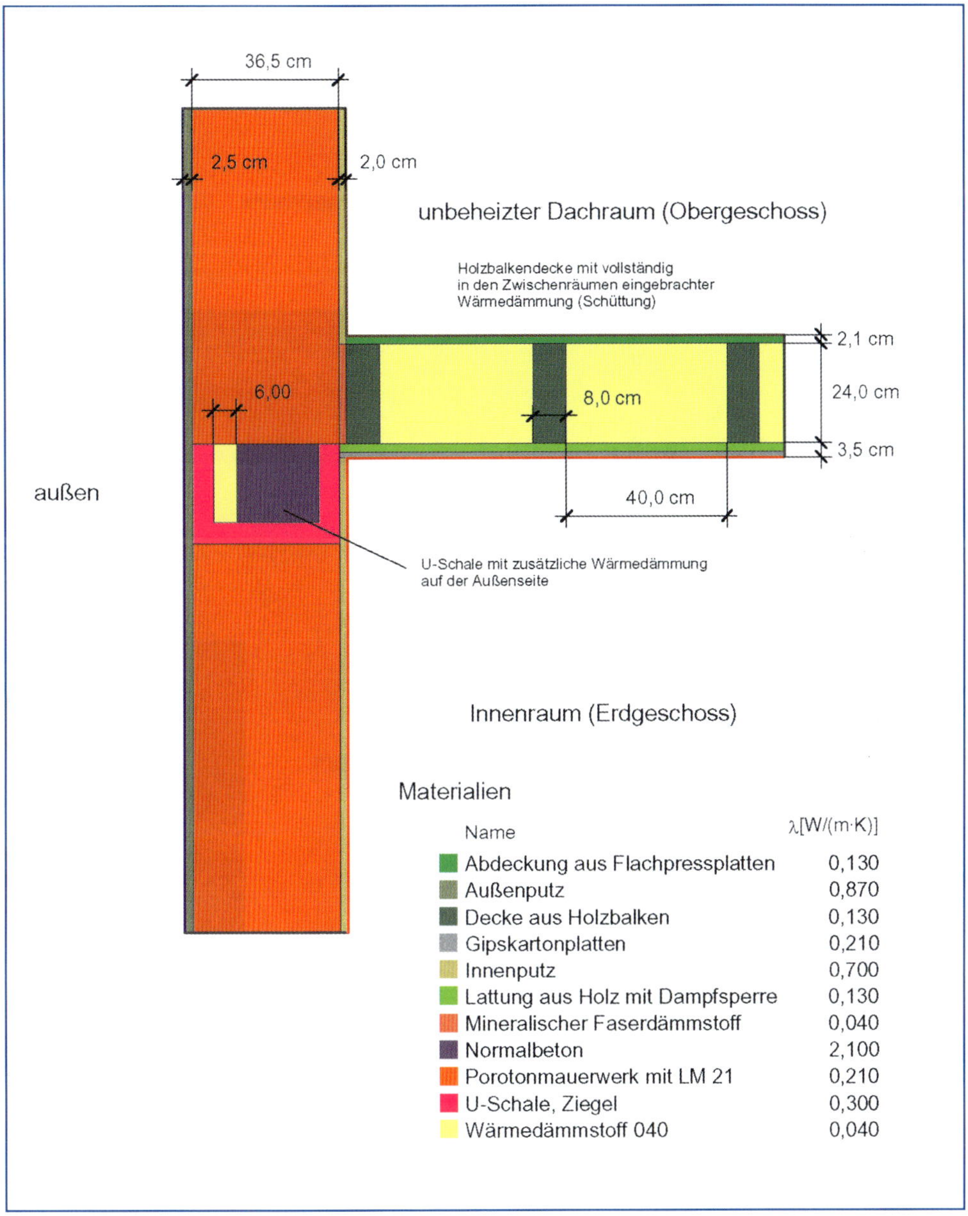

Abbildung 7-21 Konstruktionsaufbau mit wärmegedämmter U-Schale (geplante Konstruktion)

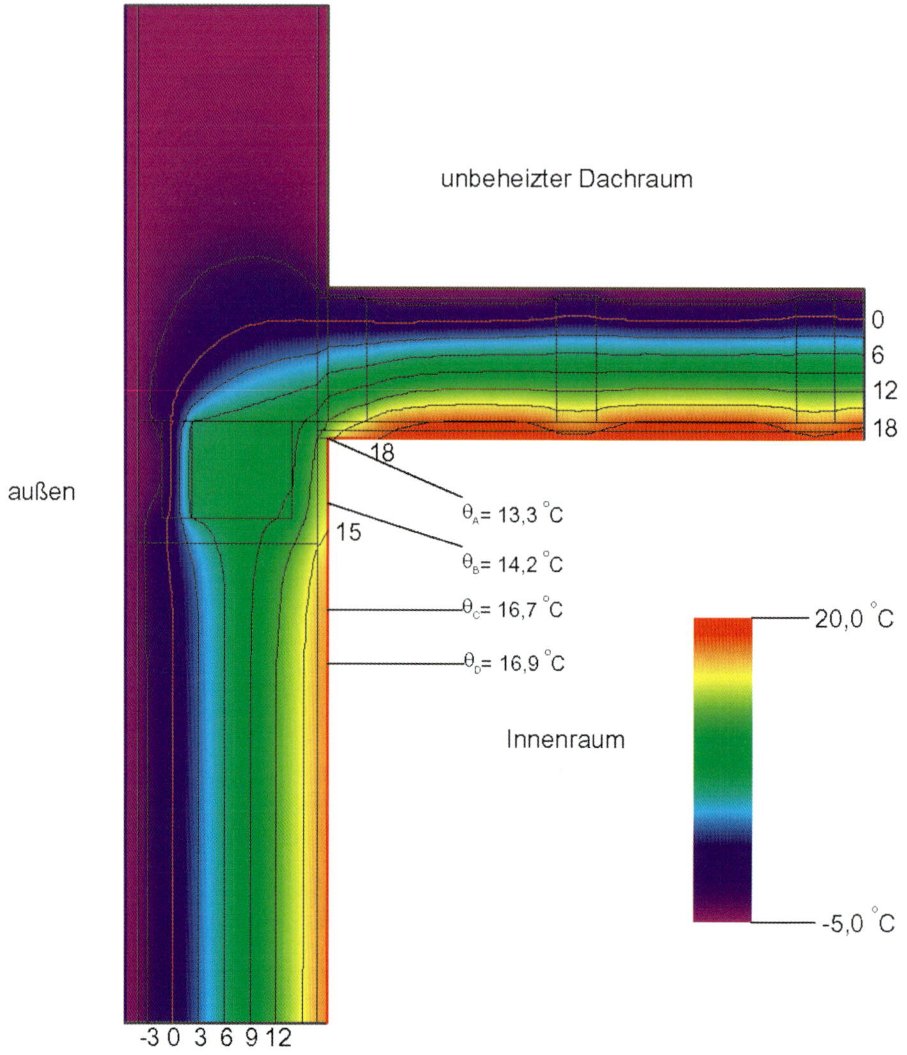

Randbedingungen

Name	q[W/m²]	θ[°C]	h[W/(m²·K)]
Aussen DIN 4108-2: 2003-07, Abs. 6.2		-5,000	25,000
Innen DIN 4108-2: 2003-07, Abs. 6.2		20,000	4,000
Symmetrie/Bauteilschnitt	0,000		
unbeheizter Dachraum DIN 4108-2: 2003-07, Abs. 6.2		-5,000	5,880

Abbildung 7-22 Temperaturverteilung beim Konstruktionsaufbau mit wärmegedämmter U-Schale (geplante Konstruktion)

Ergänzend sei darauf hingewiesen, dass im Rahmen der Untersuchungen auch das Nutzerverhalten über einen angemessenen Zeitraum kontinuierlich aufgezeichnet wurde. Hierzu wurden Datenlogger eingesetzt, die selbstständig und in einem vorgegebenen Zeittakt die Messwerte Lufttemperatur und relative Luftfeuchte aufzeichneten. Die Auswertung der Messwerte ist in Abbildung 7-23 gezeigt.

Im Aufzeichnungszeitraum von etwa drei Wochen betrug die mittlere Raumlufttemperatur ca. θ_i = 18,6 °C bei einer mittleren relativen Luftfeuchte von ϕ_i = 50 %. Aus den Datenaufzeichnungen ist zu entnehmen, dass in regelmäßigen Abständen ein starkes Absenken der Lufttemperatur und der Luftfeuchte vorhanden ist. Dies ist ein typisches Zeichen für die morgendlichen Lüftungsereignisse. Im Tagesverlauf ist die relative Luftfeuchte nahezu konstant; bei Nutzung des Schlafzimmers in der Nacht steigt die relative Luftfeuchte bis zum morgendlichen Lüftungsereignis bis auf den Höchstwert an. Insgesamt ist das festgestellte Nutzerverhalten als unkritisch und für die Schimmelpilzbildungen als nicht schadenverursachend zu bewerten.

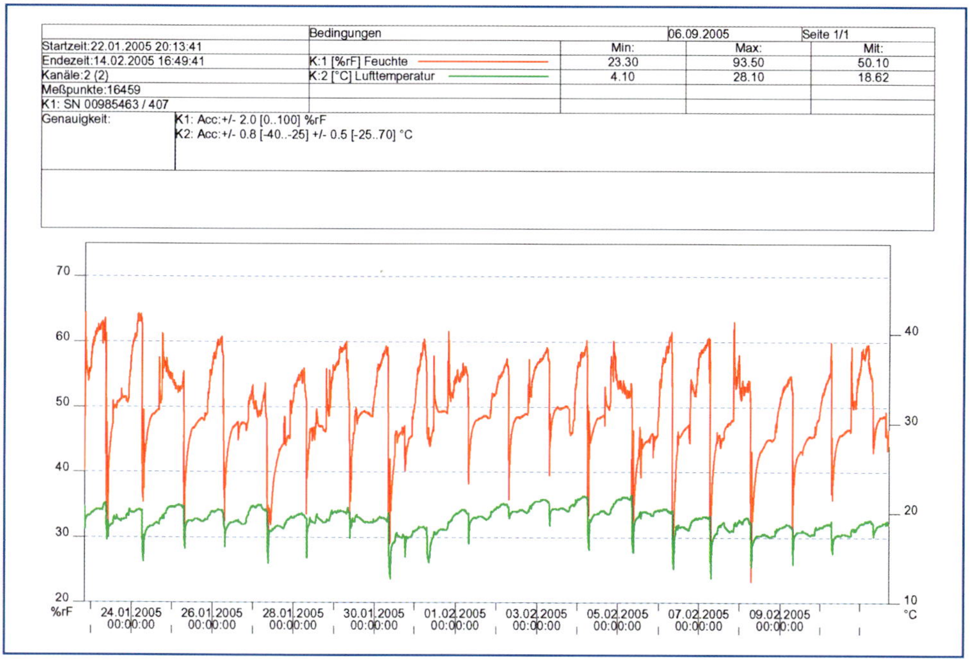

Abbildung 7-23 Temperaturen und relative Luftfeuchten während des Messzeitraums, aufgezeichnet mit Datenlogger

7.2 Thermografie zur Lokalisierung von Luftundichtigkeiten

7.2.1 Unterstützung der Thermografie mit Differenzdruckverfahren (Blower-Door)

Gebäude in Holzständerbauweise – Beispiel 1

An einem in Holzständerbauweise errichteten Wohngebäude mit geschosshohen Bauteilen wurden Holzzerstörungen durch Pilzbefall an der tragenden Konstruktion festgestellt. Nach Abschluss der Voruntersuchungen wurden ergänzend Thermografieaufnahmen in Verbindung mit einer Blower-Door-Untersuchung durchgeführt.

Die Thermografieuntersuchungen wurden zunächst im normalen Nutzungszustand durchgeführt, das heißt ohne Aufbringung eines Unter-/oder Überdrucks.

Im Anschluss daran wurde eine Blower-Door-Messung mit Überdruck durchgeführt, bei der die warme Innenluft durch Fehlstellen nach außen entweichen konnte. Um einen möglichst hohen Temperaturgradienten bei der ergänzend durchgeführten Thermografiemessung zu erreichen, wurde vom Bauherrn die Heizungsanlage bereits am vorherigen Tag auf die höchste Heizleistung eingestellt. An potentiellen Fehlstellen durchströmt die warme Innenluft die Konstruktion und tritt an der Außenseite aus. Hierbei erwärmt sich diese Stelle und kann durch die bildgebende Thermografie sichtbar gemacht werden. Eindrucksvoll ist dieser Vorgang in der Abbildung 7-26 und Abbildung 7-28 gezeigt.

Abbildung 7-24 Wohngebäude mit geöffneter Untersuchungsstelle in Höhe der Geschossdecke. Die Außenkonstruktion ist bis zur Wärmedämmung entfernt.

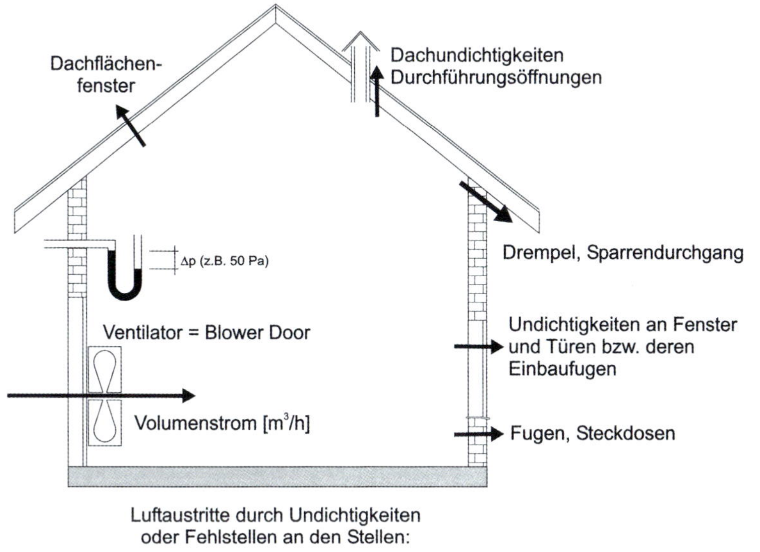

Abbildung 7-25 Prinzip der Differenzdruck-Prüfung (umgangssprachlich auch Blower-Door-Prüfung), hier Überdruckregime

Aufnahme-datum	Temperaturrandbedingungen		weitere Informationen
	Außenluft-temperatur	Innenluft-temperatur	
12.11.2004 früh	ca. –1 °C	ca. +26 °C	ideale Klimarandbedingungen für Außenthermografien (lange Kälteperiode und bedeckter Himmel), relativ hohe Lufttemperatur durch besonders intensives Aufheizen

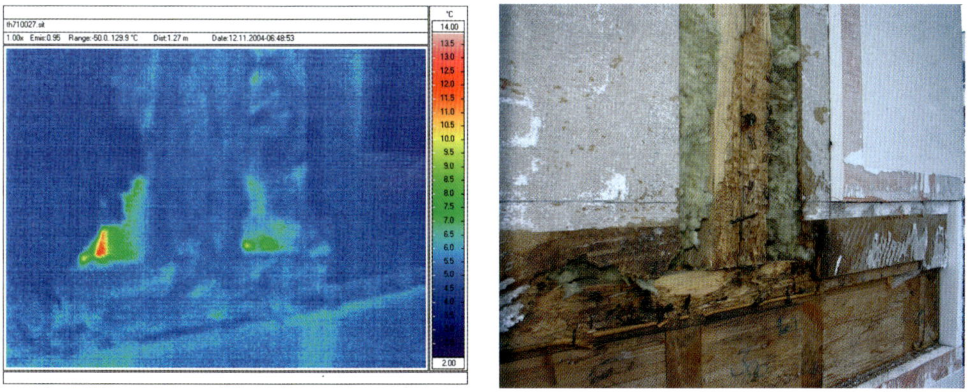

Abbildung 7-26 Untersuchungsstelle im 0-Zustand (kein Über- oder Unterdruck)

Abbildung 7-27 Blower-Door im eingebauten Zustand (Überdruckprüfung)

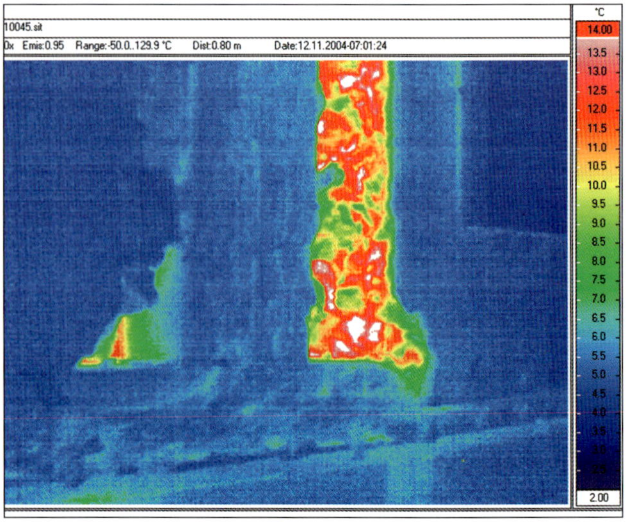

Abbildung 7-28 Untersuchungsstelle nach der Beaufschlagung durch einen Überdruck mit der Blower-Door, die rechte Bauteilseite zeigt gegenüber Abbildung 7-26 eine erhebliche Temperaturerhöhung.

Anschließend wurde die Blower-Door-Messanlage im Unterdruckregime eingesetzt. Hierdurch herrscht im Gebäude ein geringerer Druck als außen, die kalte Außenluft kann durch Fehlstellen in den Innenraum hineingedrückt werden. Im dokumentierten Beispiel war dieser Vorgang durch die rasche Abkühlung der zuvor erwärmten Bereiche sichtbar (Abbildung 7-29). Auf der Innenseite führt die hineingedrückte kalte Außenluft zur Abkühlung der Bauteiloberfläche und kann durch Innenaufnahmen detektiert werden.

Zusammenfassend zeigte sich, dass signifikante Änderungen der Oberflächentemperatur nur im Bereich des (von außen betrachteten) rechten Holzständerelements (Eckelement)

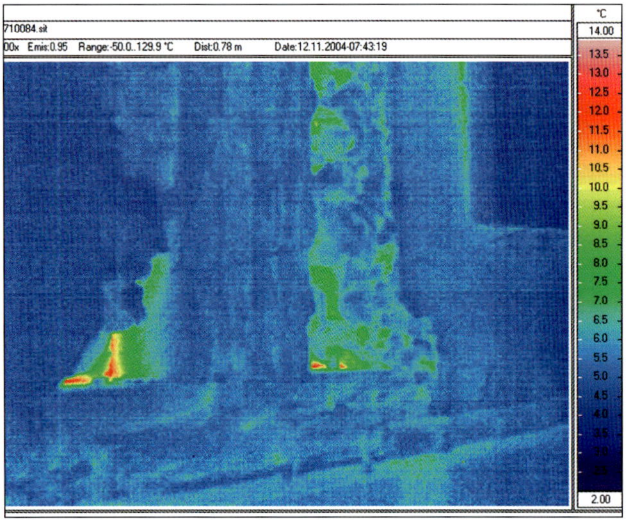

Abbildung 7-29 Die Untersuchungsstelle zeigte eine sehr schnelle Abkühlung der Oberflächentemperatur nach Aufbringung eines Unterdrucks mit der Blower-Door.

vorhanden waren. Die linke Bauteilseite (= das anschließende Brüstungselement) verhielt sich bei allen drei Untersuchungsverfahren hinsichtlich der Oberflächentemperaturen nahezu gleich, sodass eine Eingrenzung der Schadensursache auf das Eckelement möglich war. Bei den weiteren Untersuchungen wurde deutlich, dass die innenseitig angebrachte Dampfsperre durch die nachträglichen Installationen von Elektroeinbaudosen im Eckbereich stark perforiert war (vgl. Abbildung 7-30). Dadurch konnte warme Innenluft insbesondere im Eckelement nach außen gelangen und innerhalb der Konstruktion kondensieren. Dies führte letztendlich zum Schaden an der Holzkonstruktion.

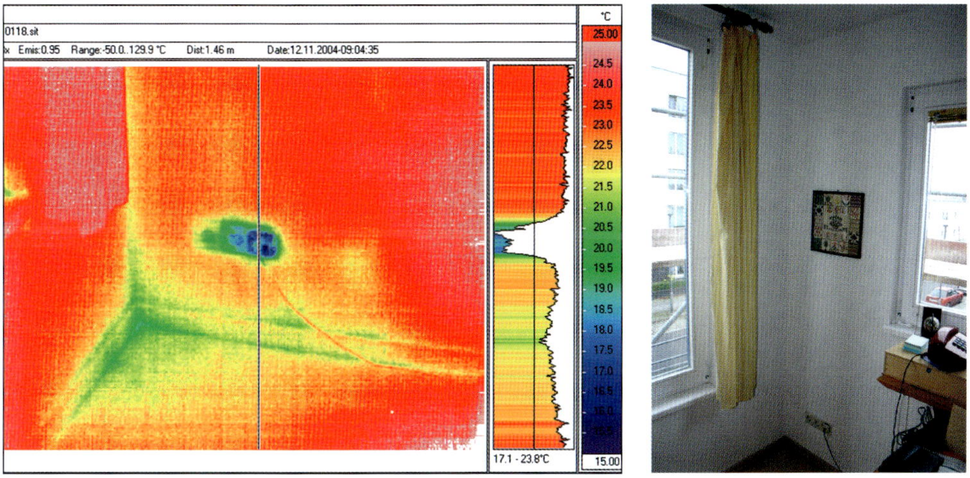

Abbildung 7-30 Innenaufnahme des Eckbereichs nach Aufbringung eines Unterdrucks

Die Thermografie mit Unterstützung durch das Differenzdruck-Verfahren (Blower-Door-Test) ist geeignet, vorhandene Luftundichtigkeiten viel intensiver zu Tage treten zu lassen und somit Fehlstellen einfacher und schneller aufzudecken. Bei der Einstellung der Druckdifferenz sollten wesentlich höhere Werte als 50 Pa nicht überschritten werden, da bei höheren Differenzdrücken Zerstörungen der Winddichtigkeitsschicht bzw. Dampfsperre nicht ausgeschlossen werden können.

Gebäude in Holzständerbauweise – Beispiel 2

An einem in Holzständerbauweise errichteten Gebäude wurden Thermografieuntersuchungen in Verbindung mit der Blower-Door durchgeführt. Hierzu wurde die Konstruktion im Bereich des Wand-Deckenübergangs ohne Zerstörung der Winddichtung/Dampfsperre geöffnet und hinsichtlich der sich einstellenden Oberflächentemperaturen vor und während der Aufbringung eines Gebäudeunterdrucks mit Hilfe der Innenthermografie untersucht.

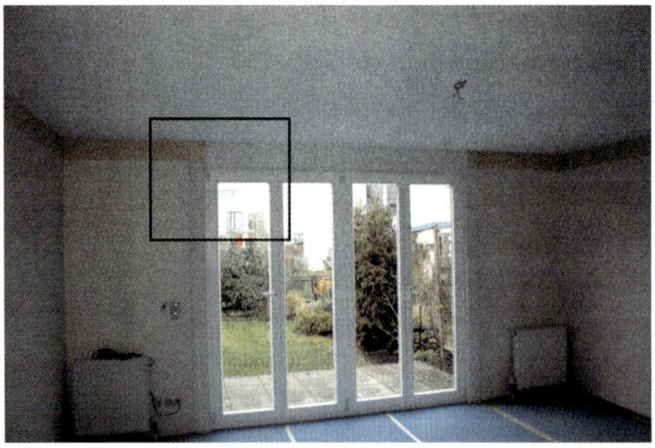

Abbildung 7-31 Darstellung des später geöffneten Untersuchungsbereichs

Aufnahmedatum	Temperaturrandbedingungen		weitere Informationen
	Außenlufttemperatur	Innenlufttemperatur	
13.12.2004 abends	ca. –1 °C	ca. +25 °C	./.

Abbildung 7-32 Geöffneter Wand-Deckenbereich und Thermogramme vor und nach Aufbringung eines Unterdrucks (ca. 50 Pa)

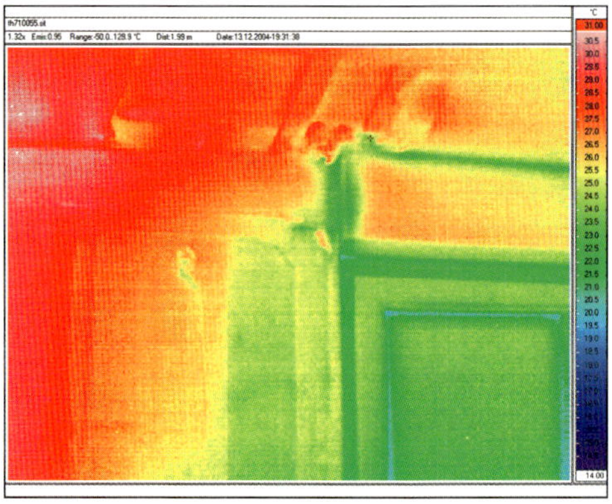

Normalzustand, danach Aufbringung Unterdruck (A)

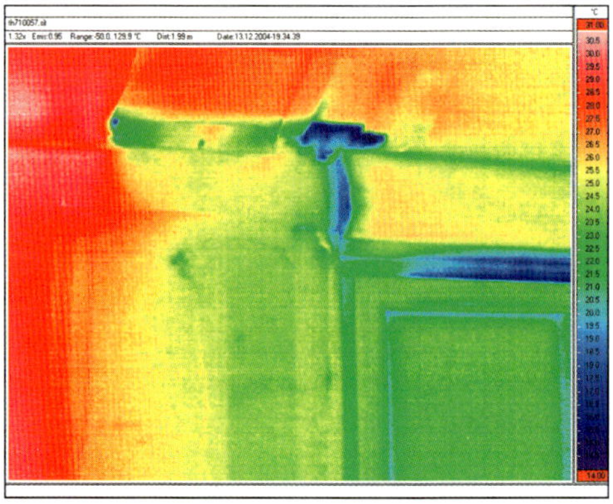

mit Unterdruck nach ca. drei Minuten (B)

Die Auswertung der in Abbildung 7-32 gezeigten Thermogramme kann mit modernen IR-Systemen durch die Anwendung der Differenzbildtechnik vereinfacht werden. Hierbei wird eine Temperaturverteilung als Subtrahend angenommen und von den folgenden Thermogrammen als Minuend abgezogen. Als Ergebnis wird der Unterschied zwischen den beiden Temperaturverteilungen direkt angezeigt.

Um das subjektive Empfinden des Betrachters nicht zu täuschen, sollte im oben betrachteten Fall dem Abkühlen der Oberfläche durch die Auswahl »kälterer« Farben Rechnung getragen werden. Beim Anblick einer »roten« Farbe könnte nur zu leicht der Eindruck einer Erwärmung der Oberfläche angenommen werden, obwohl diese real nicht vorhanden ist. So ist in Abbildung 7-33 und Abbildung 7-34 dasselbe Differenzbild ($\Delta\theta$ in [K]) mit unterschiedlichen Temperaturbereichen gezeigt.

Temperaturbereich: 0 °C bis - 10 °C:

Das Thermogramm in Abbildung 7-33 erweckt durch rote Farbanteile den Eindruck, als wäre eine Erwärmung vorhanden.

Temperaturbereich: 5 °C bis - 10 °C:

Das Thermogramm in Abbildung 7-34 weist weniger rote Farbanteile auf; wird durch die Farbwirkung subjektiv als »nicht so warm« empfunden.

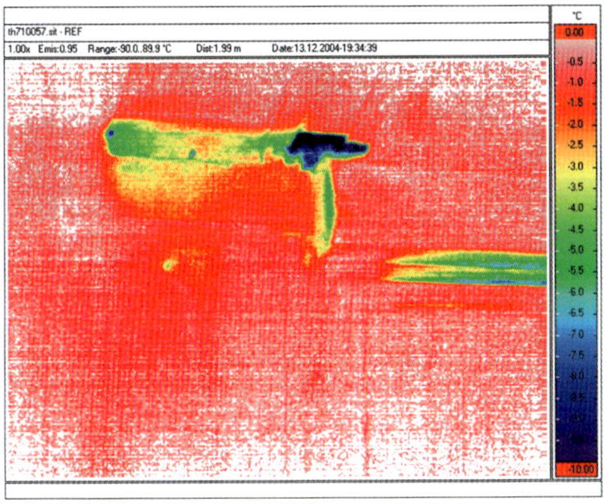

Abbildung 7-33 Differenzbild der Temperaturverteilung vor/nach Aufbringung eines Unterdrucks, Rechenvorschrift: A - B = Differenzbild, Anzeige von $\Delta\theta$ in [K]

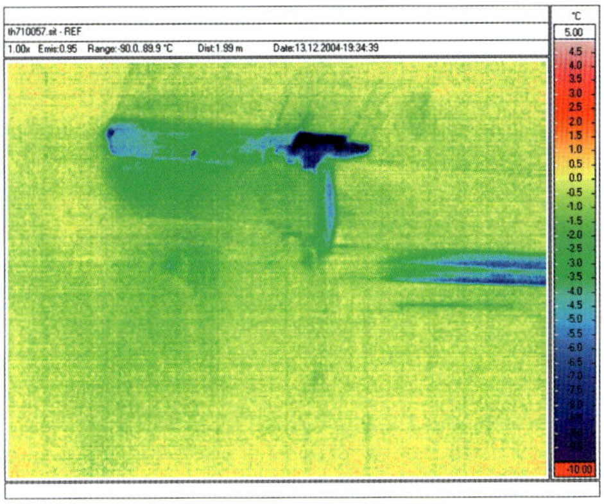

Abbildung 7-34 Differenzbild der Temperaturverteilung vor/nach Aufbringung eines Unterdrucks, Rechenvorschrift: A - B = Differenzbild, Anzeige von $\Delta\theta$ in [K]

7.2.2 Luftundichtigkeiten an Fenstern und Türen

Undichtigkeiten an Fenstern und Türen führen zu erhöhten Lüftungswärmeverlusten und Zugerscheinungen. Bei Außentüren und Fenstern können durch Undichtigkeiten die Schallschutzeigenschaften deutlich herabgesetzt werden. Mit der Thermografie lassen sich undichte Bereiche relativ schnell erkennen und für gezielte Instandsetzungsmaßnahmen dokumentieren.

Aufnahme-datum	Temperaturrandbedingungen		weitere Informationen
	Außenluft-temperatur	Innenluft-temperatur	
27.01.2005 abends	ca. 0 °C	ca. +23 °C	Fußbodenheizung im Flächenbereich

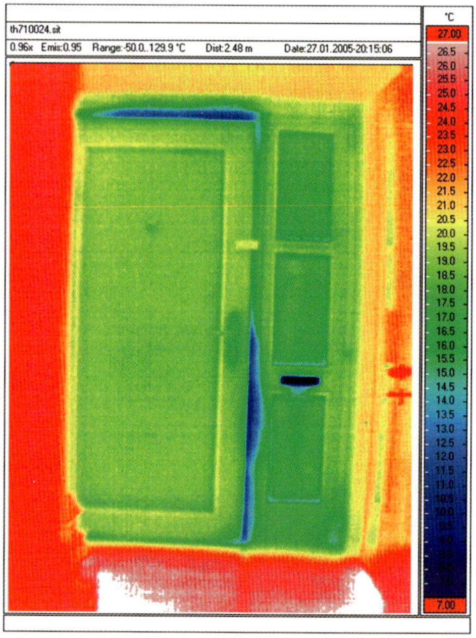

Abbildung 7-35 Außentür mit Undichtigkeiten am Türfalz, im feststehenden (rechten) Türteil befindet sich der Posteinwurf.

7.3 Thermografie zur Lokalisierung von Durchfeuchtungen

Die Wärmeleitfähigkeit λ [W/(m·K)] der im Bauwesen eingesetzten Baustoffe wird im Regelfall für Baustoffe im trockenen Zustand angegeben. Bei trockenen Baustoffen wird die Wärmedämmwirkung hauptsächlich durch die im Feststoffgerüst eingeschlossenen, möglichst kleinen Luftvolumen erreicht.

Bei feuchten Baustoffen werden die Luftvolumen und die Poren des Feststoffgerüstes teilweise mit Wasser aufgefüllt, die Wärmeleitfähigkeit λ steigt. Dadurch leitet der feuchtere Körper besser die Wärme, sie verteilt sich schneller als beim trockenen Körper. Durch den höheren Wassergehalt und die damit verbundene größere Wärmespeicherfähigkeit steigt die thermische Trägheit des Materials. Weiterhin kann es bei feuchten Körpern zum Verdunsten von Wasser an der Oberfläche kommen, bei dem die benötigte Wärme dem Körper entzogen wird und dieser somit abkühlt (Prinzip der Abkühlung durch Schwitzen). Dieser durch Phasenübergänge hervorgerufene Wärmeverlust ist bei genaueren Berechnungsverfahren, wie den Abhandlungen zu den thermisch-hygrischen Transportvorgängen, bedeutsam und wird z. B. in [29] ausführlich behandelt.

Mit Hilfe der Thermografie können die durch die Durchfeuchtungen hervorgerufenen Temperaturunterschiede auf den Oberflächen detektiert und so der Durchfeuchtungshorizont dargestellt werden. Der Feuchtegehalt kann mit diesem Verfahren jedoch nicht festgestellt werden - hierzu sind andere Untersuchungsmethoden zu verwenden.

7.3.1 Durchfeuchtungsschäden an einer Kelleraußenwand

Beispiel 1

In einem privat genutzten Keller eines Altbaus wurde vor der Planung von Umbaumaßnahmen eine Bestandsaufnahme zur Dokumentation des Ist-Zustandes beauftragt. Hierbei war zu untersuchen, ob eine Vertikal- und Horizontalabdichtung der Kellerwände vorhanden ist und in welchem Zustand sich diese befindet. Zur Gewinnung eines schnellen Überblicks über die vorhandene Durchfeuchtung bzw. zur Lokalisierung besonders kritischer Wandbereiche wurde ergänzend die Thermografietechnik eingesetzt.

Aufnahme-datum	Temperaturrandbedingungen		weitere Informationen
	Außenluft-temperatur	Innenluft-temperatur	
29.06.2005 abends	ca. +23 °C	ca. + 19 °C	nicht genutzter Kellerraum eines Bestandsgebäudes, ergänzend wurden Messungen mit Hilfe eines dielektrischen Feuchtemessgerätes durchgeführt.

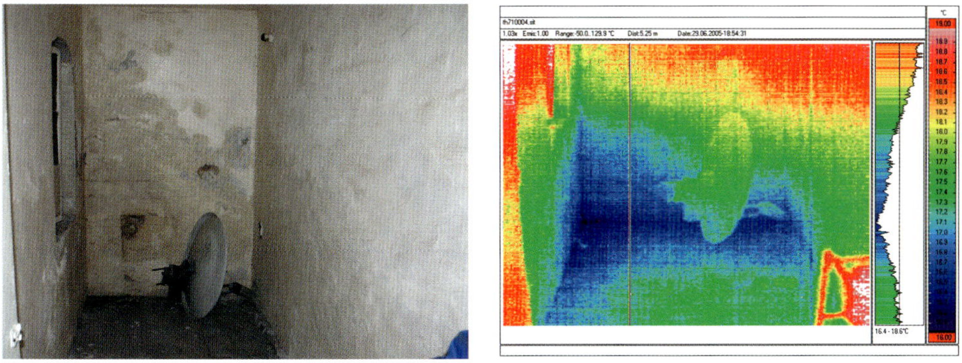

Abbildung 7-36 Durchfeuchtete Bereiche einer Kelleraußenwand, der Verlauf des Durchfeuchtungshorizontes ist bereits visuell wahrnehmbar.

Die Thermogramme zeigten in Verbindung mit den Messserien eines Feuchtemessgerätes, dass sich signifikante Durchfeuchtungen - wie auch aus den sichtbaren Verfärbungen in der Fotografie zu erwarten war - tatsächlich stärker im Fußbodenbereich konzentrierten. Mit Hilfe der Thermografie konnte so ein relativ schneller Eindruck von der Bausubstanz gewonnen werden.

Beispiel 2

An einem 1932 errichteten unterkellerten Wohngebäude wurden Feuchteschäden an den Kellerwänden festgestellt. Zur Erlangung eines schnellen, bildgebenden Überblicks über die akuten Durchfeuchtungsbereiche wurde die Thermografietechnik angewendet.

Wie der Abbildung 7-37 zu entnehmen ist, zeigt sich der stark durchfeuchtete Bereich im Thermogramm als deutlich abhebende Fläche mit geringeren Oberflächentemperaturen. Ergänzend zu den Thermogrammen wurde die relative Feuchteverteilung auf den Wänden mit einem dielektrischen Messgerät gemessen. Die Messung mit diesem Gerät beruht auf dem Prinzip des kapazitiven elektrischen Feldes. Das Messfeld bildet sich zwischen einer Kugelelektrode des Gerätes und der zu beurteilenden Untergrundmasse aus. Die Veränderung des elektrischen Feldes durch Material und/oder Feuchtigkeit wird digital in einem Messfeldbereich zwischen 0 bis 199 digits angezeigt. Die Messung ist eine relative Messung, das heißt, es wird nicht die absolute Feuchtigkeitsmenge in g/cm^3 angezeigt, sondern lediglich ein Messwert, der tendenziell unter Berücksichtigung der Rohdichte des zu beurteilenden Materials einen Anhaltswert über die Größenordnung der vorhandenen Bauteilfeuchtigkeit angibt.

Grundsätzlich besteht jedoch der Zusammenhang, dass sich mit steigender Rohdichte des Materials und steigendem Feuchtigkeitsgehalt der Anzeigewert des Messgerätes erhöht, wobei gegebenenfalls auch vorhandene Belastungen mit Salzen (Veränderungen der Leitfähigkeit) das Messergebnis beeinflussen.

Es zeigte sich, dass die in verschiedenen Höhen der Kellerwände gewonnenen Messwerte des dielektrischen Feuchtemessgerätes relativ gut mit den kälteren Oberflächenbereichen der bildgebenden Thermografie übereinstimmten.

Aufnahmedatum	Temperaturrandbedingungen		weitere Informationen
	Außenlufttemperatur	Innenlufttemperatur	
23.04.2005 abends	ca. +18 °C	ca. +16 °C	./.

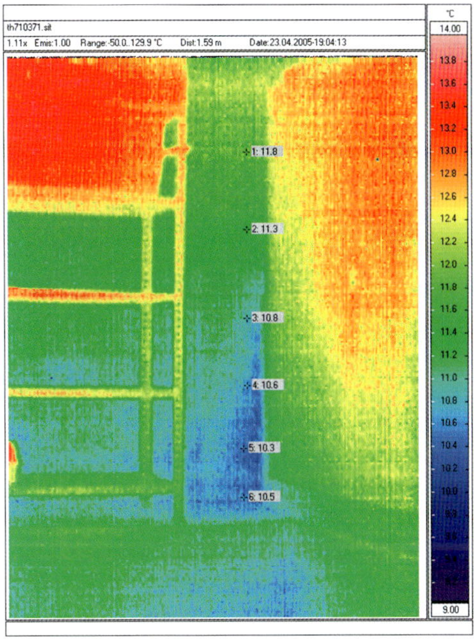

Abbildung 7-37 Verfärbungen am Putz zeigen die Feuchtebeanspruchung an.

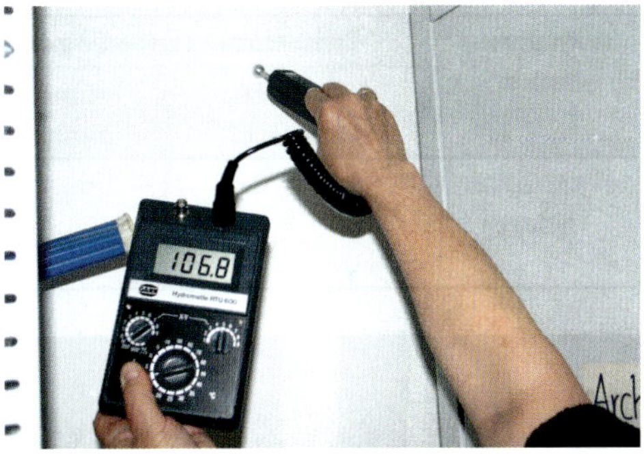

Abbildung 7-38 Messung der Feuchte, im unteren Wandbereich ca. 134 digits, im oberen Wandbereich ca. 107 digits

7.4 Thermografie zur Lokalisierung von Konstruktionseinzelheiten

7.4.1 Dokumentation des Verlaufes von Heizungsleitungen im Fußboden

Für den nachträglichen Anschluss von Konvektionsheizkörpern war der Verlauf der im Fußboden verlegten Heizleitungen zu bestimmen. Weiterhin war für den Bauherrn von Interesse, in welchem Bereich des Fußbodens der wärmere Vorlauf der Heizungsrohre verlegt wurde.

Die Visualisierung des Verlaufs von Fußbodenheizungsrohren ist mit der Thermografie sehr gut möglich. Zweckmäßigerweise wird in der Aufheizphase thermografiert, um einen möglichst großen Temperaturgradienten zwischen den Heizschlangenbereichen und der übrigen Fläche zu erhalten. Im folgenden Fall wurden die Messungen auf einem Holzparkettboden vorgenommen. Hierzu wurde etwa zwei Tage vor der Messung die Heizung so weit wie möglich heruntergefahren und somit der Fußboden abgekühlt. Am Tag der Messung wurde die Vorlauftemperatur der Heizung auf das Maximum eingestellt und geheizt. Die Lage der Heizleitungen und des Vorlaufs konnten mit den Aufnahmen lokalisiert werden.

Aufnahme-datum	Temperaturrandbedingungen		weitere Informationen
	Außenluft-temperatur	Innenluft-temperatur	
09.12.2003 mittags	ca. -4 °C	ca. +20 °C	Innenaufnahme von Heizleitungen, Beginn des Anheizens erst zum Ortstermin und mit maximal erhöhter Vorlauftemperatur

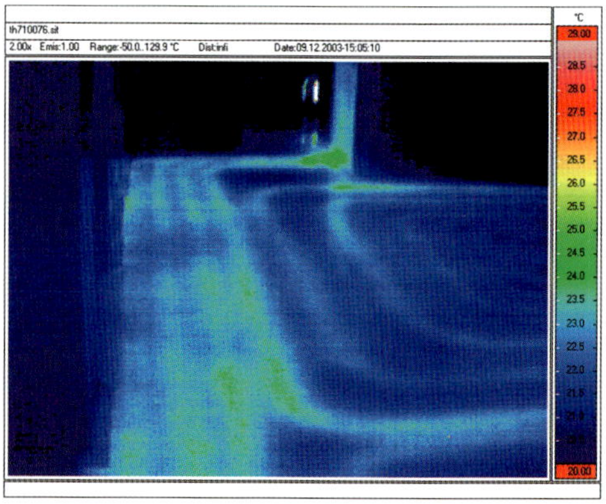

Abbildung 7-39 Der Verlauf der Heizleitungen ist im Thermogramm anhand der markanten Geometrie zu erkennen.

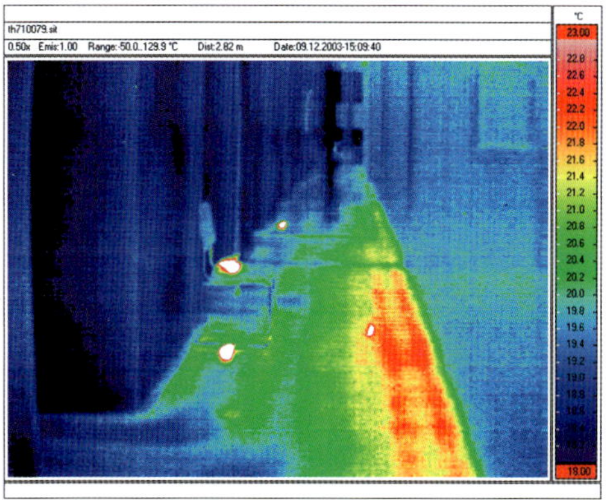

Abbildung 7-40 Die Lage des »rechts« geführten wärmeren Heizungsvorlaufs ist deutlich zu erkennen.

Ergänzend ist in diesem Zusammenhang auch darauf hinzuweisen, dass im Rahmen von haustechnischen Überprüfungen die im Heizungsverteiler angeschlossenen Leitungen schnell überprüft werden können (Abbildung 7-41).

Aufnahme-datum	Temperaturrandbedingungen		weitere Informationen
	Außenluft-temperatur	Innenluft-temperatur	
27.01.2005 abends	ca. -1 °C	ca. +20 °C	Heizungsverteiler eines Wohnhauses

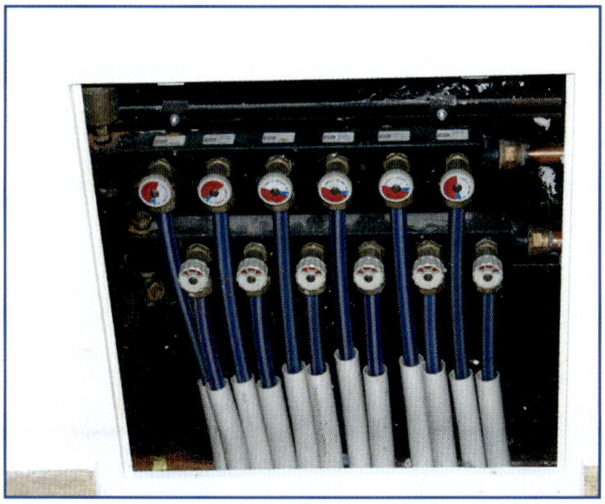

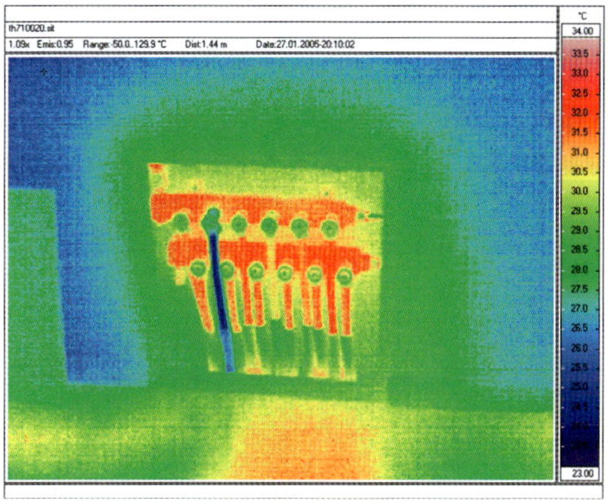

Abbildung 7-41 Heizungsverteiler einer Fußbodenheizung, ein Leitungsstrang (zweiter von links) ist nicht geöffnet.

Zur Aufstellung eines Kamins in einem Wohnraum wurde es notwendig, eine lastabtragende Konstruktion bis zur Bodenplatte zu gewährleisten. Da hierzu notwendige Kernbohrungen im Bereich des Heizestrichs gesetzt werden mussten, war der Verlauf der im Fußboden verlegten Heizleitungen zu bestimmen. Die Lage der Heizleitungen und des

Vorlaufs konnten mit den Aufnahmen lokalisiert werden, indem die sich abzeichnenden Heizleitungen in situ dokumentiert wurden. Bedingt durch den Aufheizprozess zeichnen sich zuerst die Vorläufe der Heizungsschlangen ab. Da die Rückläufe erst verzögert zwischen den Vorläufen sichtbar werden, hat sich die Anordnung der Bohrlöcher relativ nah an den gut abzeichnenden Vorläufen bewährt.

Nach Durchführung der Thermografie wurden die Bohrlöcher schadenfrei eingebracht und der Kamin errichtet.

Aufnahme-datum	Temperaturrandbedingungen		weitere Informationen
	Außenluft-temperatur	Innenluft-temperatur	
02.09.2007 nachmittags	./.	ca. +23 °C	Innenaufnahme von Heizleitungen, Beginn des Anheizens erst zum Ortstermin und mit maximal erhöhter Vorlauftemperatur

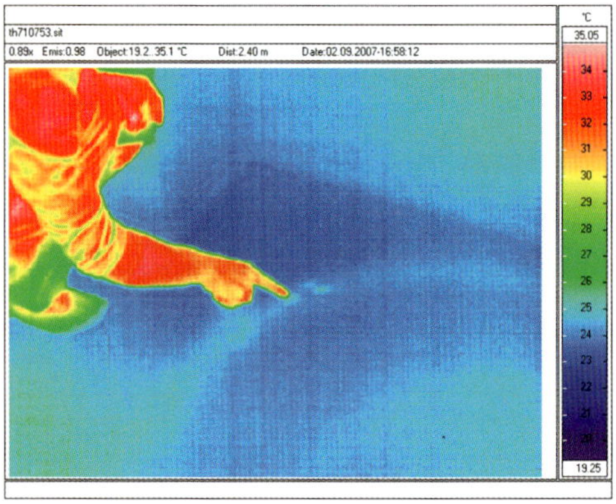

Abbildung 7-42 Heizleitungen zeichnen sich auf dem Parkettfußboden ab. Die Lage der Heizleitungen wird mit Hilfe von Klebepunkten dokumentiert.

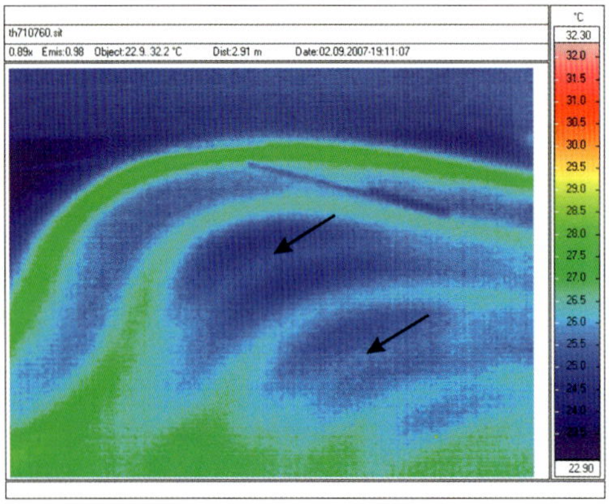

Abbildung 7-43 Die etwas später sichtbar werdenden Rückläufe der Heizschlangen sind schwerer zu detektieren. Tipp: Bohrlöcher relativ dicht an die gut sichtbaren Vorläufe anordnen.

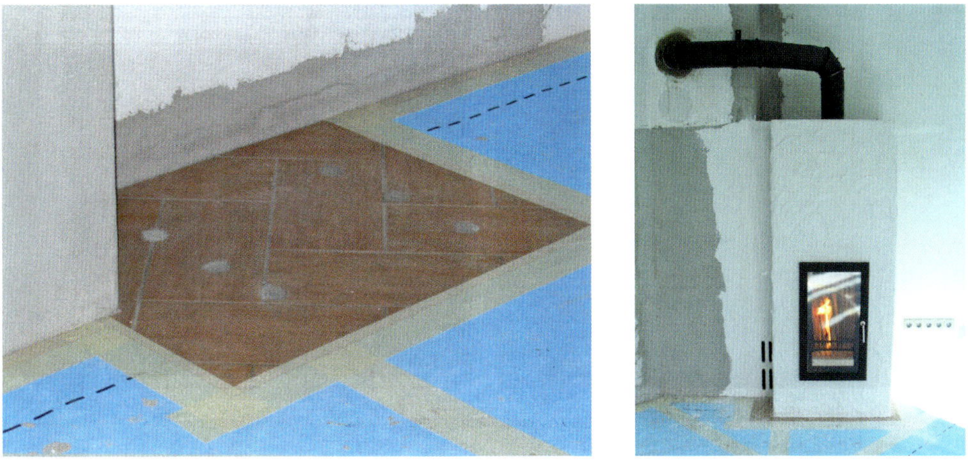

Abbildung 7-44 Anordnung der Bohrlöcher zur Durchleitung der Eigenlast bis auf die Betonbodenplatte; fertig aufgebauter Kamin mit erstem Anheizen

7.4.2 Außenwände mit unter Putz verlegten Heizungsleitungen

Insbesondere bei älteren Gebäuden ist es in der Planungspraxis notwendig, den vorhandenen Bestand der haustechnischen Installationen zu dokumentieren. Vielfach lassen sich die in den Außenwänden unter Putz geführten Heizungsleitungen leicht mit der Thermografie feststellen und dokumentieren.

Aufnahmedatum	Temperaturrandbedingungen		weitere Informationen
	Außenlufttemperatur	Innenlufttemperatur	
27.01.2004 früh	ca. -5 °C	ca. +22 °C	./.

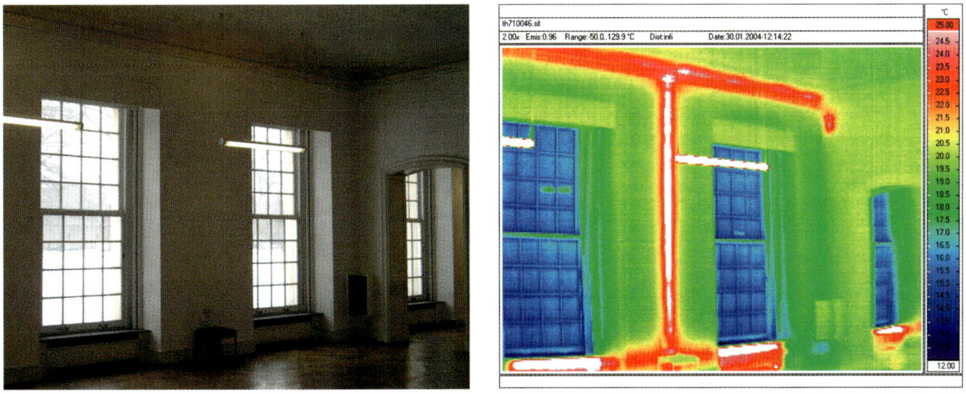

Abbildung 7-45 Zuleitungsrohre der Heizungsanlage zeichnen sich deutlich auf der Wandoberfläche ab.

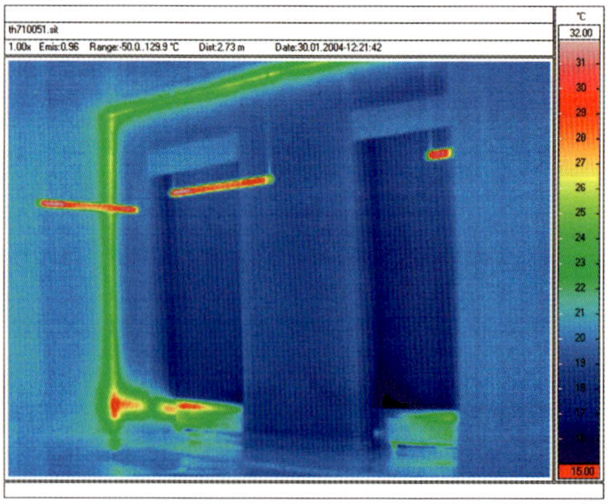

Abbildung 7-46 Auch in diesem Beispiel sind die Zuleitungsrohre der Heizungsanlage auf der Wandoberfläche deutlich zu erkennen.

7.4.3 Traganker bei Dreischichtelementen

An einem in Großtafelbauweise errichteten Wohngebäude sollte die Lage von Tragankern und Befestigungselementen in den verwendeten Dreischichtelementen bestimmt werden. Die Außenwandkonstruktion besteht aus Sandwich-Elementen, die zwischen Tragschicht und Wetterschutzschicht eine Wärmedämmschicht enthalten. Die äußere Wetterschutzschicht wird durch Tragdübel und Torsionsanker gehalten, die sich im Thermogramm als punktuelle Wärmebrücken darstellen.

Aufnahmedatum	Temperaturrandbedingungen		weitere Informationen
	Außenlufttemperatur	Innenlufttemperatur	
27.01.2004 früh	ca. -5 °C	ca. +22 °C	./.

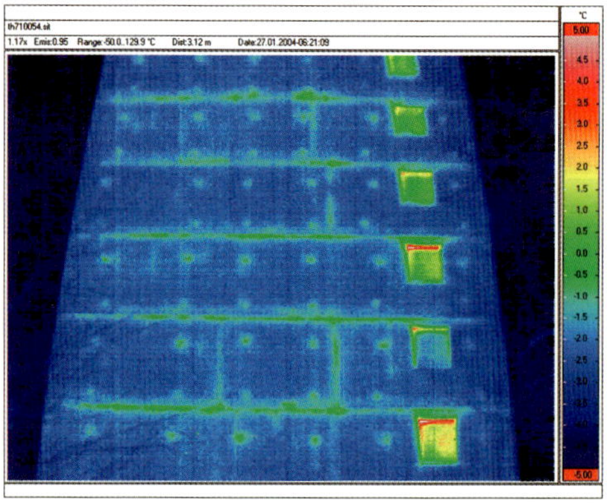

Abbildung 7-47 Metallische Einbauteile zeichen sich auf der Wetterschutzschale durch punktuell höhere Oberflächentemperaturen ab.

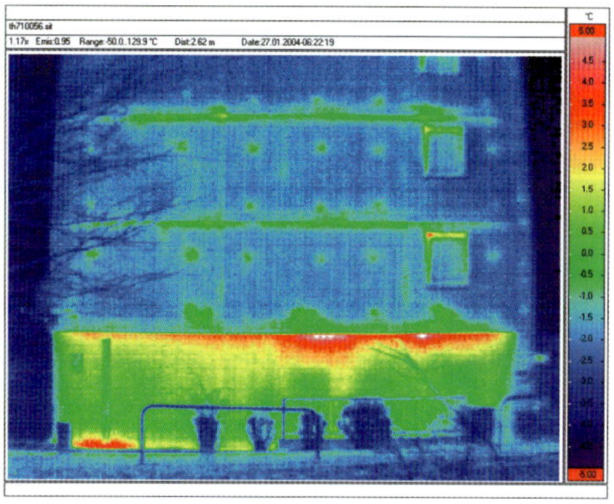

Abbildung 7-48 Zusätzliche Feststellung: Im Bereich der untersten horizontalen Gebäudefuge gibt es signifikante Wärmeverluste.

Für derartige Untersuchungen bietet sich die Thermografie geradezu an, da mit diesem zerstörungsfreien Arbeitsinstrument eine komfortable und schnelle Lagebestimmung vorgenommen werden kann. Im vorliegenden Fall lagen bei der Durchführung der Thermografie sehr gute äußere Randbedingungen vor (tiefe Temperaturen und bewölkter Himmel zum Sonnenaufgang). Dies führte zu klaren Thermogrammen, auf denen sich die Einbauteile auch aus einiger Entfernung als punktuelle Hotspots deutlich hervorhoben.

7.4.4 Fachwerkstrukturen

Im Rahmen von Bestandsaufnahmen kann mit der Thermografie die Lage und der Verlauf von (überputzten) Fachwerkkonstruktionen festgestellt werden. Exemplarisch ist im Folgenden ein Wohnhaus mit dem im unteren Bereich verputzten Fachwerk zu sehen.

Untersuchungen zur Lage von Fachwerk können auch im Sommer durchgeführt werden, da allein durch das unterschiedliche Aufheiz- und Abkühlverhalten der Werkstoffe (Wärmespeichervermögen) Temperaturdifferenzen sichtbar werden können (vgl. Abbildung 7-50).

Aufnahmedatum	Temperaturrandbedingungen		weitere Informationen
	Außenlufttemperatur	Innenlufttemperatur	
13.11.2005 abends	ca. +6 °C	ca. +22 °C	./.

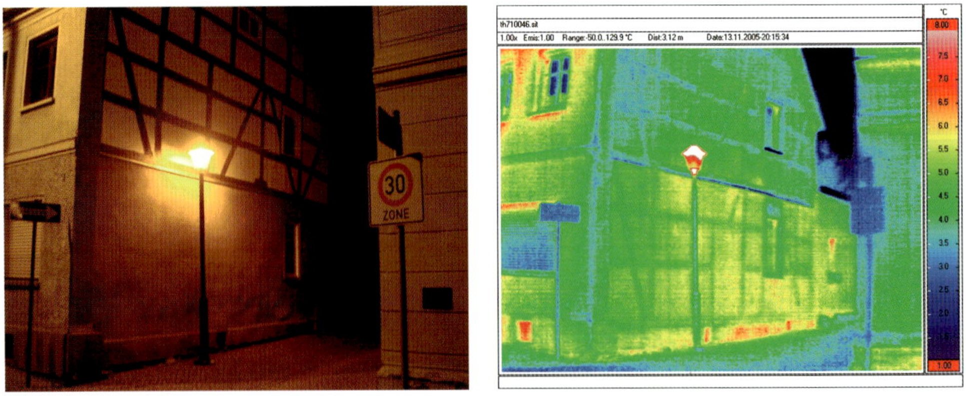

Abbildung 7-49 Sichtbarmachung verputzter Fachwerkstrukturen mit Hilfe der Thermografie

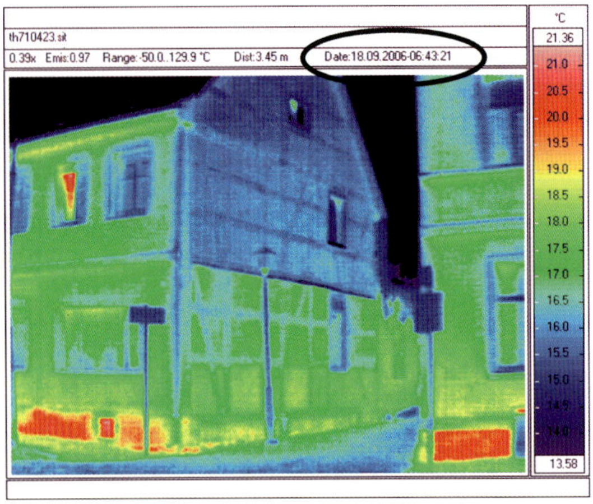

Abbildung 7-50 Sichtbarmachung verputzter Fachwerkstrukturen mit Hilfe der Thermografie, hier Aufnahme im Sommer

7.4.5 Temperaturverteilung bei Stahlträgern eines großflächig verglasten Luftgeschosses

Für die Standsicherheitsberechnung eines aus Stahlprofilen bestehenden Luftgeschosses eines historischen Gebäudes waren die Annahmen für die Temperaturbeanspruchungen infolge der thermischen Schichtung der Luft durch Messungen am Bauwerk zu überprüfen. Im Rahmen einer ergänzenden thermografischen Untersuchung wurden zu verschiedenen Zeitpunkten die an der in statischer Hinsicht als Bogen-Zugband-Konstruktion ausgeführten Stahlkonstruktion vorhandenen Temperaturunterschiede zwischen dem wärmeren oberen Druckbogen und dem unteren Zugband bestimmt.

Es zeigte sich, dass sich in dem gut belüfteten Luftgeschoss eine thermische Schichtung einstellte und diese zu Temperaturunterschieden an der tragenden Konstruktion führte.

Aufnahme-datum	Temperaturrandbedingungen		Weitere Informationen
	Außenluft-temperatur	Innenluft-temperatur	
21.05.2003 nachmittags	ca. +18 °C	ca. +22 °C	bedeckter Himmel, nur diffuse Einstrahlung

Abbildung 7-51 Druckbogen-Zugband-Konstruktion eines Luftgeschosses

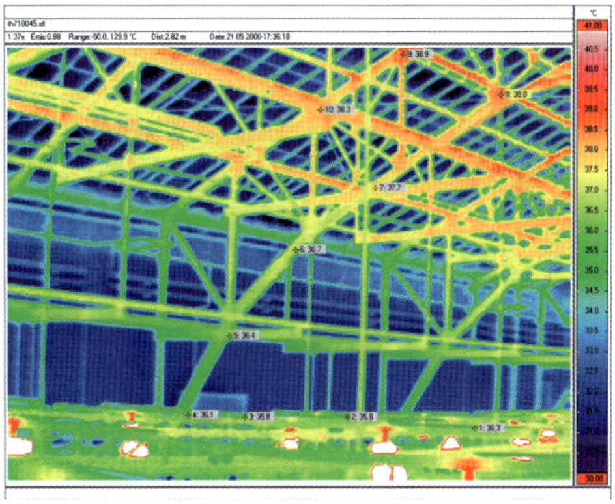

Abbildung 7-52 Thermogramm der Druckbogen-Zugband-Konstruktion, Temperaturerhöhung der tragenden Stahlprofile mit zunehmender Höhe, hier etwa 3 Kelvin

7.4.6 Traganker einer hinterlüfteten Außenwandkonstruktion

An einer Außenwand wurde eine hinterlüftete Fassadenkonstruktion aufgebracht. Die aus liegenden Wellprofilen und statisch nicht tragenden Lisenen gefertigte Verblechung wurde auf einer Unterkonstruktion befestigt, die wiederum mit punktuellen Verankerungen an der tragenden massiven Betonwand aufgebracht war.

Im Rahmen von Öffnungsarbeiten sollte die Lage der durch die Wärmedämmung hindurchgehenden Verankerungen bestimmt werden. Die thermografischen Untersuchungen wurden von der Innenseite durchgeführt, da sich im Allgemeinen bei hinterlüfteten Außenwandkonstruktionen eine Homogenisierung der »kalten« Außenseite einstellt und

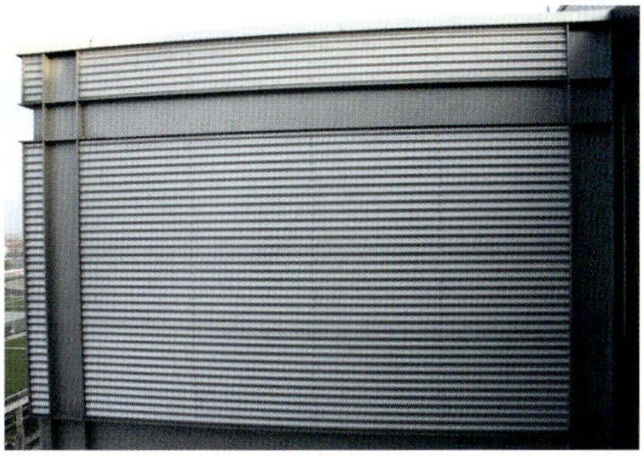

Abbildung 7-53 Ansicht der hinterlüfteten Außenwandbekleidung mit Wellstruktur. Der Betrachtungswinkel ändert sich kontinuierlich von Welle zur Welle von 0° bis 90° (vgl. auch Abbildung 2-14).

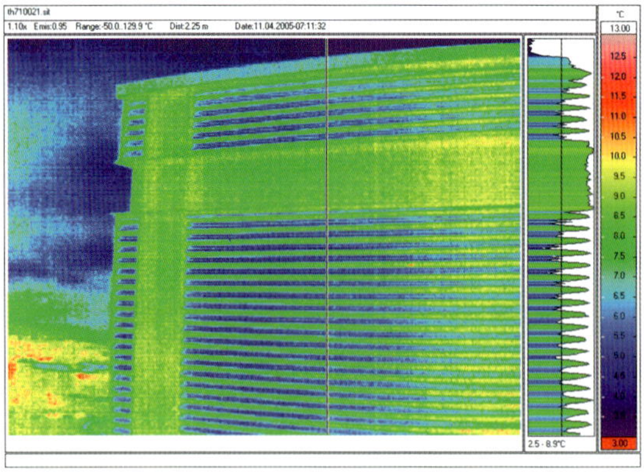

Abbildung 7-54 Thermografie der hinterlüfteten Außenwandbekleidung von außen. Temperaturverteilung ist durch Reflektionseinflüsse und durch Winkelabhängigkeit des Emissionsgrades überwiegend verfälscht, vgl. Abbildung 2-14.

so bei von außen durchgeführten Thermografien keine Wärmebrückeneffekte sichtbar werden (vgl. Beispiel in Abschnitt 8.1.3). Zudem sind durch Reflexionserscheinungen und der Problematik der Winkelabhängigkeit des Emissionsgrades kaum sinnvolle Auswertungen an dem mit einem global gültigen Emissionsgrad dargestellten Thermogramm möglich (vgl. Abbildung 7-54).

Im Innen-Thermogramm wurde eine schachbrettähnliche Verteilung der Oberflächentemperaturen auf der Wand detektiert. Die blauen Stellen kennzeichnen kühlere Bereiche, an denen ein erhöhter Wärmedurchgang durch die punktuell angebrachten Verankerungen hervorgerufen wird. Dieses Beispiel zeigt die Wirkung der freiwählbaren Farbgebung eindrucksvoll, da zwischen den blauen (kühleren) und grünen (wärmeren) Bereichen effektive Temperaturunterschiede von ca. $\Delta\theta \approx 0{,}7$ K bestehen.

Aufnahmedatum	Temperaturrandbedingungen		weitere Informationen
	Außenlufttemperatur	Innenlufttemperatur	
11.04.2005 früh	ca. +6 °C	ca. +25 °C	relativ hohe Innenlufttemperatur durch vorheriges Aufheizen

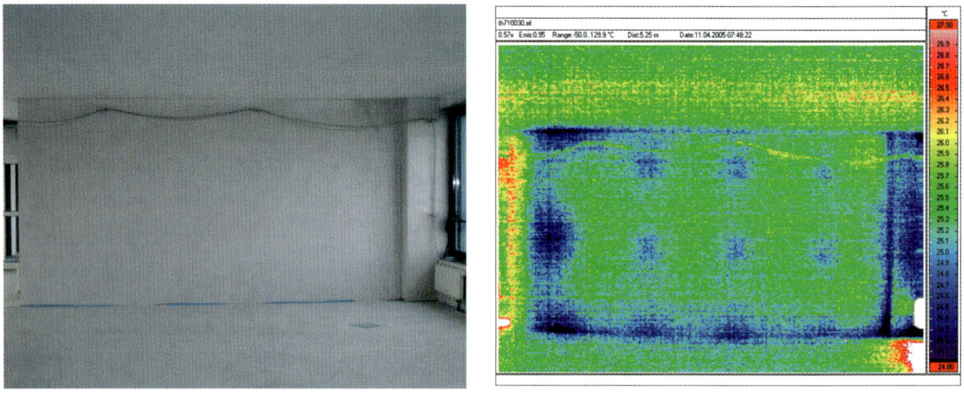

Abbildung 7-55 Innenthermografie der in Abbildung 7-53 gezeigten Außenwand

7.4.7 Verstopfungen in Rohrleitungen

Verstopfungen in Rohrleitungen können zu großen Schäden an der Bausubstanz und der Gebäudeeinrichtung führen. Unter Umständen kann durch Thermografieaufnahmen der Ort einer Verstopfung schnell erkannt werden. Im unten dokumentierten Fall zeigten später durchgeführte Reinigungsmaßnahmen, dass sich eingetragenes Laub im Rohr abgesetzt hatte und so als »Feuchtespeicher« diente. Die somit verringerten Oberflächentemperaturen des im Allgemeinen nicht gut wärmeleitenden Kunststoffmaterials konnten durch die Thermografieaufnahme sichtbar gemacht werden.

Aufnahme-datum	Temperaturrandbedingungen		weitere Informationen
	Außenluft-temperatur	Innenluft-temperatur	
29.06.2005 abends	ca. +23 °C	ca. + 19 °C	Kellerraum unterhalb einer Terrasse

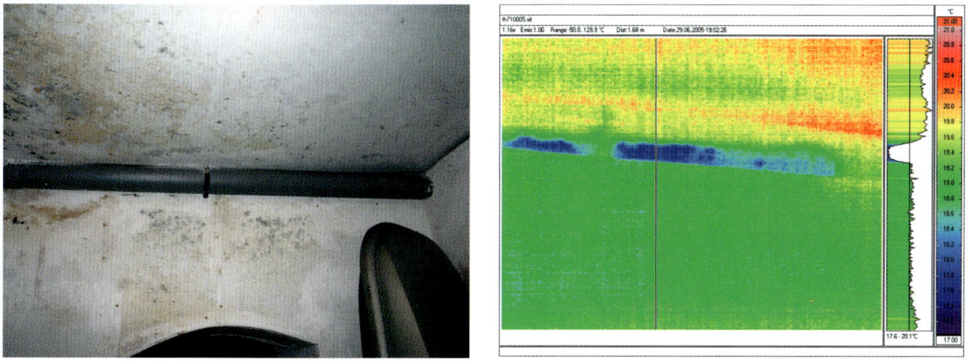

Abbildung 7-56 Durch Laubeintrag verstopfte Abflussleitung eines oberhalb der Kellerdecke angeordneten Bodeneinlaufs einer Terrasse

7.5 Thermografie zur baubegleitenden Qualitätssicherung

7.5.1 Untersuchungen vor und nach einer energetischen Gebäudesanierung

Im Rahmen einer bauphysikalischen und energetischen Sanierungsberatung wurde im Vorfeld die vorhandene Bausubstanz auch thermografisch untersucht. Hierbei wurde dem Bauherrn durch die Thermogramme deutlich sichtbar gemacht, dass die vorhandene Bausubstanz (Erbauungsjahr 1932) den heutigen Wärmedämmanforderungen in keiner Weise mehr genügt. Stellvertretend hierfür ist in Abbildung 7-57 ein Thermogramm dargestellt, das den ursprünglichen Bestand zeigt. In der Ansicht »links« befindet sich das Wohnzimmer. Der Standort des Heizkörpers befindet sich direkt unter dem Fenster und ist durch eine deutliche lokale Temperaturerhöhung der Oberflächentemperatur zu erkennen. Das Zimmer auf der rechten Ansichtsseite wurde zum Zeitpunkt der Aufnahme nicht planmäßig beheizt und hebt sich daher von der beheizten Seite deutlich ab.

Im ausgebauten Dachbereich (linksseitig vom Dachflächenfenster bis ca. 1 m rechts des Dachflächenfensters) befindet sich ein Bad. Hier wurde im Bereich des Deckenanschlusses zum Spitzboden eine Undichtigkeit festgestellt, die bereits zu einer deutlichen Erwärmung der außenliegenden Dachziegel führte (vgl. Abbildung 7-58). Diese Fehlstelle war durch die Thermografietechnik schnell und präzise zu lokalisieren.

Aufnahmedatum	Temperaturrandbedingungen		weitere Informationen
	Außenlufttemperatur	Innenlufttemperatur	
08.03.2003 abends	ca. -3 °C	ca. +22 °C	Gebäude wurde 1932 erbaut (Hohlblocksteine)

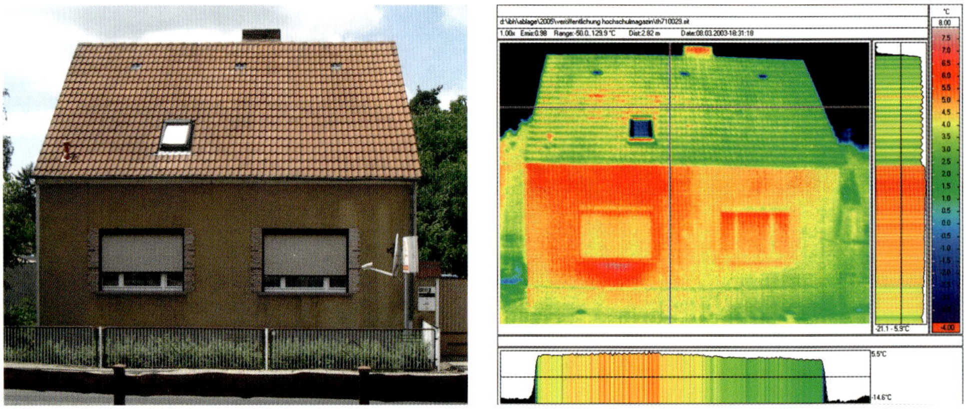

Abbildung 7-57 Aufnahme vor Durchführung der energetischen Gebäudesanierung (Stand: März 2003)

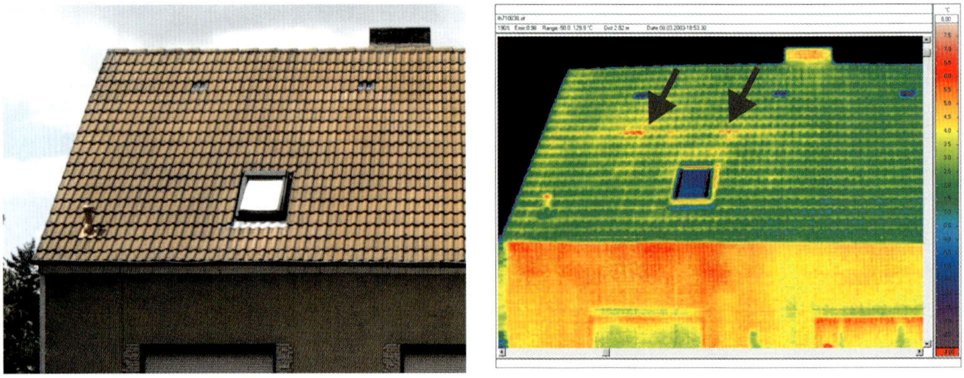

Abbildung 7-58 Erhöhte Oberflächentemperaturen am Übergang des im Dachgeschoss befindlichen Bades zum Spitzbodenbereich (Stand: März 2003), Reflektion des unbewölkten Himmels im Dachflächenfenster

Nach der Durchführung der Wärmedämm-Maßnahmen an den Außenwänden (Aufbringen eines Wärmedämmverbundsystems) und im Dachbereich wurde im November 2004 das Gebäude zur Dokumentation nochmals thermografiert. In Abbildung 7-59 wird das Thermogramm mit der gleichen Skalierung wie in Abbildung 7-57 gezeigt. Die Oberflächentemperatur der wärmegedämmten Bereiche ist gleichmäßig und ohne erkennbare Fehlstellen. Eine derartige Aufnahme ist charakteristisch für ein gut wärmegedämmtes Gebäude. Der Sockelbereich war zum Zeitpunkt der Aufnahme noch nicht gedämmt, an dieser Stelle ist daher noch ein deutlicher Temperatursprung sichtbar.

Bei gut wärmegedämmten und nachgewiesen mangelfreien Gebäuden tritt eine typische Erscheinung auf: Unterhalb von Vorsprüngen (Dächer, Fensteröffnungen) ist oft ein Aufstauen von durch Verlustwärme erwärmter Außenluft zu beobachten. Das Abströmen der erwärmten und somit leichteren Luft kann durch die Bauform behindert sein und führt so zu einer geringen Erwärmung dieser »geschützten« Bereiche. Im Thermogramm erscheinen diese Bereiche dann wärmer. Dieser Effekt kennzeichnet in diesem Fall keine Schwachstelle und ist bei der Interpretation von Thermogrammen zu berücksichtigen. Hinzuzufügen bleibt, dass dieses Phänomen meist nur bei windstillen Wetterlagen beobachtet wird; bei stärkerer Belüftung der Oberflächen kann sich der »Warmluftschleier« durch die stärkere Belüftung nicht ausbilden. Liegen natürlich an den betreffenden Stellen Fehlstellen und Mängel vor, ist zunächst die Ursache der lokal erhöhten Temperatur in diesem Kontext zu untersuchen.

Aufnahme-datum	**Temperaturrandbedingungen**		**weitere Informationen**
	Außenluft-temperatur	**Innenluft-temperatur**	
13.11.2004 abends	ca. -1 °C	ca. +22 °C	Sockel noch nicht gedämmt, warmer Bereich auf der Dachfläche stammt von einem Entlüftungsrohr (Bad)

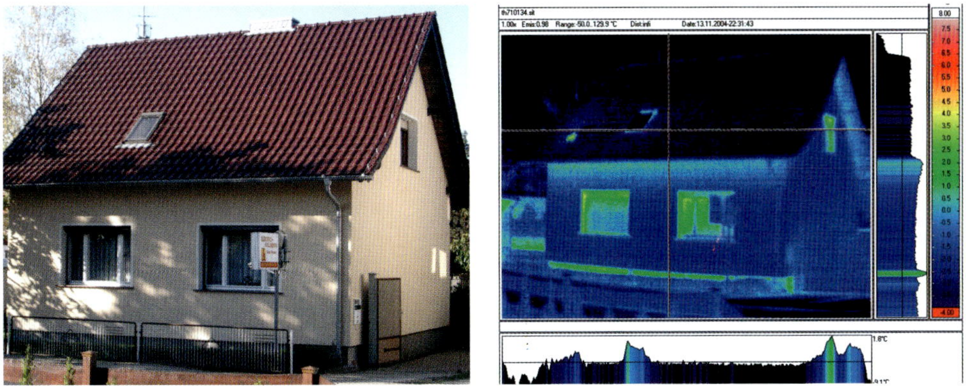

Abbildung 7-59 Aufnahme nach Durchführung von Wärmedämm-Maßnahmen am Dach (20 cm, WLG 045) und an den Außenwänden (10 cm, WLG 040), Sockelbereich noch nicht gedämmt (Stand: November 2004)

Zur Information: Das vorstehende Gebäude wird nach wie vor mit einer Nachtstromspeicherheizung beheizt. Ein Vergleich der klimabereinigten Jahresverbräuche von 1999–2004 (Zustand alt) zum ersten Jahreszeitraum mit Wärmedämmung im Jahr 2004–2005 ergab eine effektive Einsparung der verbrauchten Strommenge von ca. 30 %.

Im weiteren Verlauf der Arbeiten wurde auch der Sockel wärmegedämmt. Das zugehörige Thermogramm ist in Abbildung 7-60 gezeigt. Die Aufnahme zeigt die typische Situation bei Sockelaufnahmen: Am Unterschnitt (Versprung) des Sockels zur Wärmedämmung der Wand bildet der aufsteigende »Warmluftschleier« eine Erwärmung aus (vgl. auch Abschnitt 6.2.4). Weiterhin zeigt das Thermogramm auch die Lage der Befestigungsdübel des angebrachten Wärmedämmverbundsystems.

Aufnahme-datum	Temperaturrandbedingungen		weitere Informationen
	Außenluft-temperatur	Innenluft-temperatur	
13.11.2005 nachts	ca. +2 °C	ca. +20 °C	./.

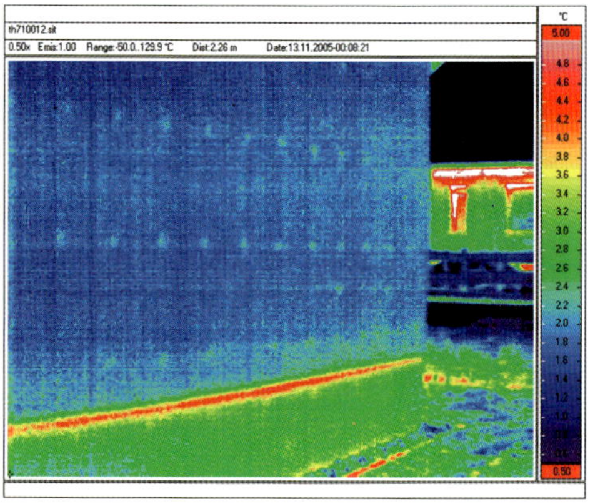

Abbildung 7-60 Aufnahme nach Durchführung von Wärmedämm-Maßnahmen am Sockel (6 cm, WLG 040, Stand: November 2005)

7.5.2 Überprüfung eines Gebäudes mit Wärmedämmverbundsystem

Die Qualitätsüberprüfung der Ausführung von Wärmedämm-Maßnahmen kann bei Vorliegen der notwendigen klimatischen Randbedingungen durch die Anwendung der Thermografie erfolgen. Bei einer mangelhaften Ausbildung zeichnen sich Fehlstellen (z. B. nicht bündig gestoßene Wärmedämmung) durch linienförmige wärmere Bereiche ab. Am folgenden Mehrfamilienwohngebäude traten diese Effekte, bis auf eine lokale Fehlstelle im Bereich zwischen zwei Fenstern, nicht auf.

Auffallend im Thermogramm ist nur der deutlich wärmere Kellersockel. Dieser Bereich wurde planmäßig nicht gedämmt, da eine an der Unterseite der Kellerdecke angebrachte Wärmedämmung die Abgrenzung der beheizten Zone definierte. Diese Entscheidung sollte jedoch bei der Auswertung des Thermogramms mit einer rechnerischen Überprüfung (Kosten/Nutzen-Rechnung) überdacht werden.

Die folgenden Aufnahmen können den bei Thermografiesystemen vorhandenen »Abstandseffekt« erläutern: In Abbildung 7-61 beträgt die aus dem Thermogramm bestimmte Oberflächentemperatur ca. θ_{se} = 3,6 °C. Wird der Aufnahmeabstand verringert, steigt die Oberflächentemperatur auf θ_{se} = 4,4 °C (Abbildung 7-62) bzw. θ_{se} = 6,2 °C (Abbildung 7-63) an. Dies ist kein Messfehler, sondern dem Umstand geschuldet, dass die einem Pixel auf der Empfängereinheit der Thermokamera zugeordnete reale Messfläche bei Nahaufnahmen naturgemäß immer kleiner wird. Die Integralbildung über der Fläche ist entsprechend feiner und genauer (vgl. Abbildung 3-11). Im hier betrachteten Fall (Außenaufnahme einer Wärmebrücke) steigt daher die gemessene Oberflächentemperatur an.

Aufnahme-datum	Temperaturrandbedingungen		weitere Informationen
	Außenluft-temperatur	Innenluft-temperatur	
18.02.2005 vormittags	ca. + 3,5 °C	ca. +22 °C	./.

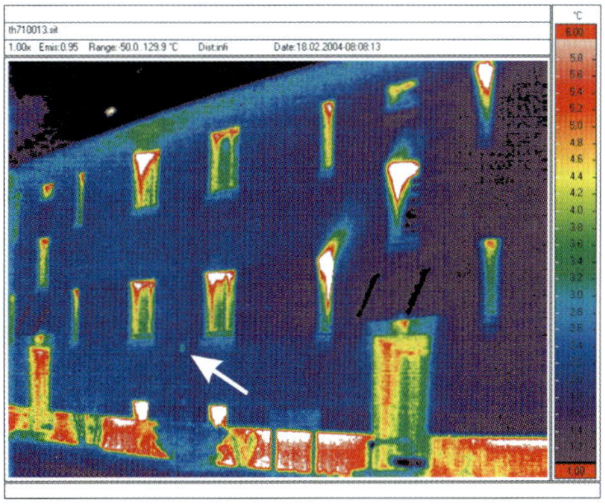

Abbildung 7-61 Mit einem WDVS nachträglich wärmegedämmtes Bestandsgebäude, Pfeil im Thermogramm kennzeichnet eine Auffälligkeit im Flächenbereich (zwischen den Fenstern, Messwert: θ_{se} = 3,6 °C).

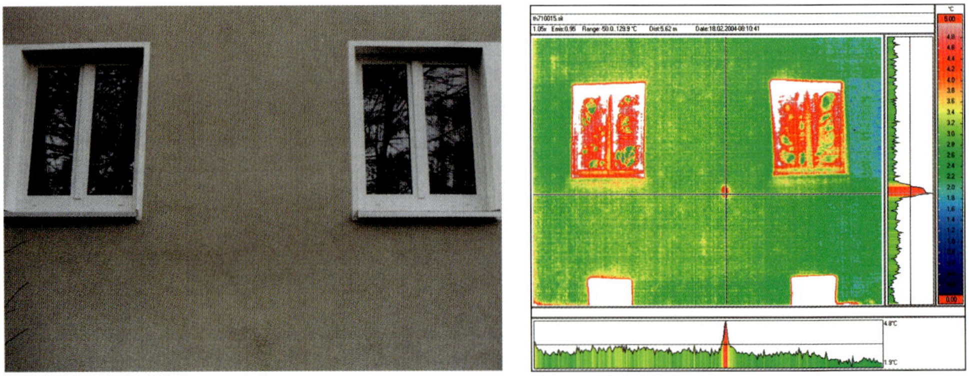

Abbildung 7-62 Detail aus Abbildung 6-56 mit der sich im WDVS zwischen den Fenstern abzeichnenden erhöhten Oberflächentemperatur (Messwert: θ_{se} = 4,4 °C)

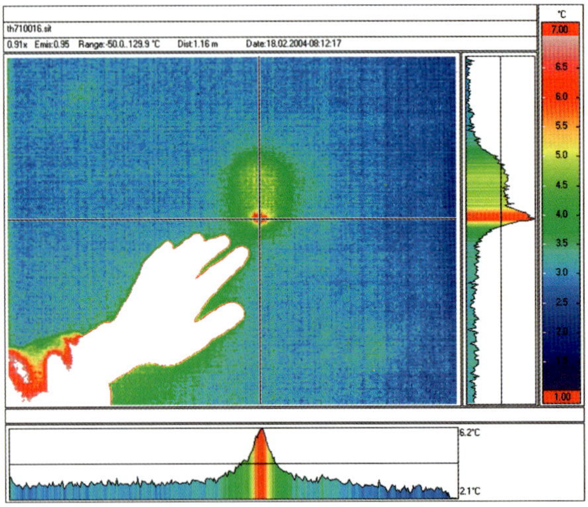

Abbildung 7-63 Nahaufnahme der im WDVS vorhandenen, lokal begrenzten und hinsichtlich einer energetischen Bewertung unkritischen Wärmebrücke (Messwert: θ_{se} = 6,2 °C), Ursache: mit Putz nachträglich gefüllte Öffnung eines Gerüstankerlochs

7.5.3 Schallbrücken bei Reihenhaustrennfugen

In einer Reihenhaus-Siedlung wurden durch Messungen des Luftschalldämm-Maßes R'_w teilweise schlechte Werte der Luftschalldämmung der ansonsten gleichartig aufgebauten Gebäudetrennwände festgestellt (Aufbau der Trennwände in Abbildung 7-64). Während einige Reihenhaustrennwände der noch nicht bewohnten Gebäude sehr gute Schalldämm-Maße von etwa R'_w = 66 dB aufwiesen, gab es auch Trennwände mit unzureichenden Messwerten von R'_w = 54 dB.

Aufgrund der Ausführung des Rohbaus wurde vermutet, dass bei der Herstellung der Deckenkonstruktion Betonreste in die Fuge zwischen den Mauerwerkswänden gelangt sind. Ist dies der Fall, ist eine erhebliche Verschlechterung des Schalldämm-Maßes sehr wahrscheinlich.

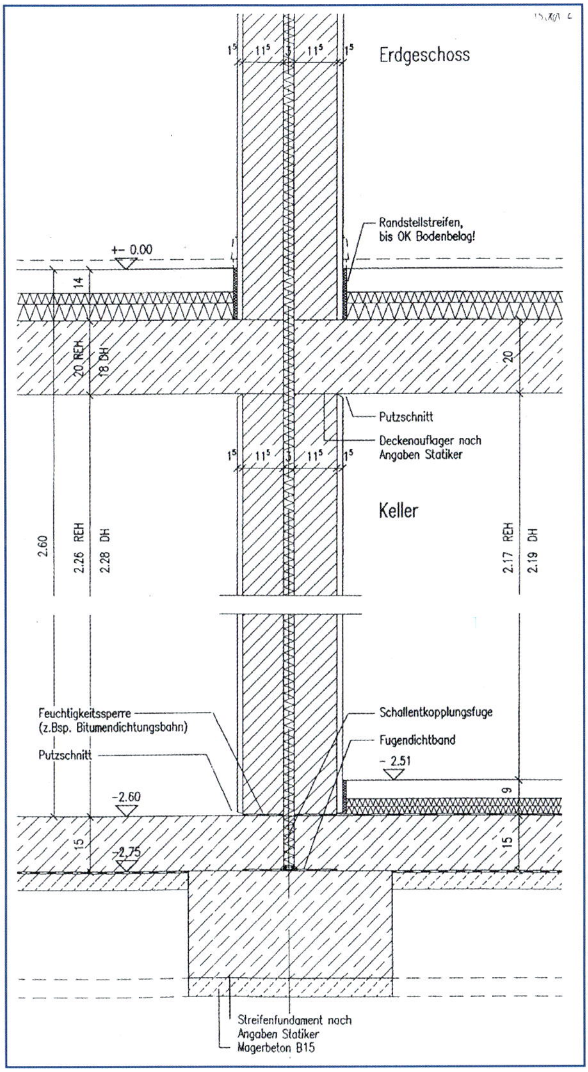

Abbildung 7-64: Geplante Konstruktion der Reihenhaustrennwände

Zur Ortung der Schallbrücken mit Hilfe der Thermografie wurde ein deutlicher Temperaturunterschied zwischen beiden Seiten der Trennwand erzeugt. Hierzu wurde die eine Wohnung etwa zehn Stunden vor den Untersuchungen durch Heißluftheizungen auf etwa 32 °C aufgeheizt. In der anderen Wohnung herrschten die zum Zeitpunkt des Ortstermins vorhandenen Außenlufttemperaturen von etwa 15 °C.

Die Auswertung der Thermografien zeigte lokale Temperaturerhöhungen (vgl. Abbildung 7-65) in Bereichen, an denen nach endoskopischer Untersuchung bzw. Bauteilöffnung fehlendes Dämmmaterial bzw. Schallbrückenbildungen vorhanden waren. Aufgrund der vorgenommenen thermografischen Untersuchungen konnten bei diesem Bauobjekt einige kritische Schallbrücken aufgezeigt und anschließend beseitigt werden.

Aufnahme-datum	Temperaturrandbedingungen		weitere Informationen
	Lufttemperatur Wohnung 1	Lufttemperatur Wohnung 2	
22.05.2003 nachts	ca. +15 °C	ca. +32 °C	Erzeugung eines deutlichen Temperaturunterschiedes durch starke Beheizung der Wohnung 2 mit Heißluftgebläse. Der Untersuchungszeitpunkt ist nicht optimal, da das Temperaturgefälle aufgrund der relativ hohen Außenlufttemperaturen sehr aufwendig erzeugt werden musste.

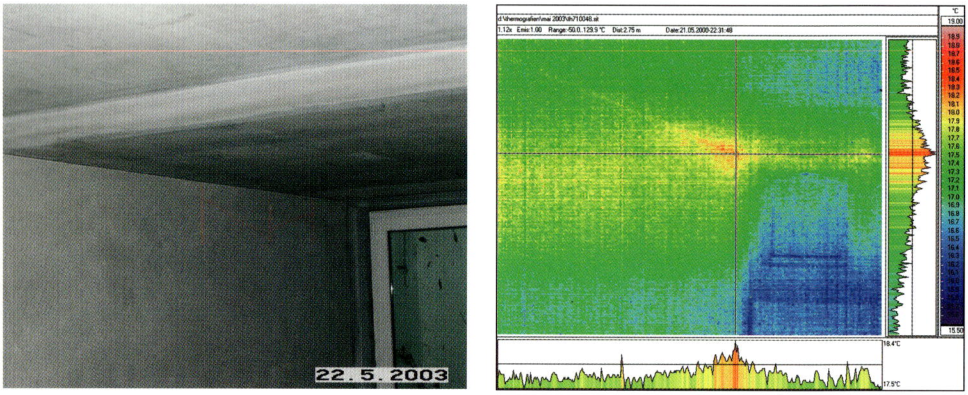

Abbildung 7-65 Einbindung der massiven Decke über dem Kellergeschoss in die Mauerwerkstrennwand, erhöhte Oberflächentemperatur nahe des Fensters; hier wurden bei der späteren Öffnung eine fehlende Wärmedämmung in Deckenhöhe und Betonreste festgestellt.

Ergänzend ist für diese Anwendung der Thermografie noch zu erwähnen: Da das Schalldämm-Maß auch bei bereits kleinen, punktuellen Schallbrücken deutlich abfällt, diese jedoch durch ihre geringe Wärmebrückenwirkung bei thermografischen Aufnahmen nicht auffallen, können mit diesem Verfahren sicherlich nicht alle Schallbrücken aufgedeckt werden.

7.5.4 Fehlende Wärmedämmung und Luftundichtigkeiten an Trockenbauwänden

Der Ausbau von Dachgeschossen wird häufig mit Hilfe der Trockenbauweise realisiert. Bedingt durch den eingeschränkten Platz im Dachaufbau ist auf die vollflächige Wärmedämmungsführung ein besonderes Augenmerk zu richten. Ein typisches Thermogramm einer punktuell nicht vollflächig eingebrachten Wärmedämmung zeigt die Abbildung 7-66. Im Bereich der durch den Vertikalschnitt gekennzeichneten Auswertungsebene beträgt der Temperaturunterschied ca. 6,5 Kelvin.

Aufnahme-datum	Temperaturrandbedingungen		weitere Informationen
	Außenluft-temperatur	Innenluft-temperatur	
27.02.2005 nachmittags	ca. -5 °C	ca. +25 °C	Zum Zeitpunkt des Ortstermins wurden vom Bauherrn höhere Temperaturen als üblich eingestellt

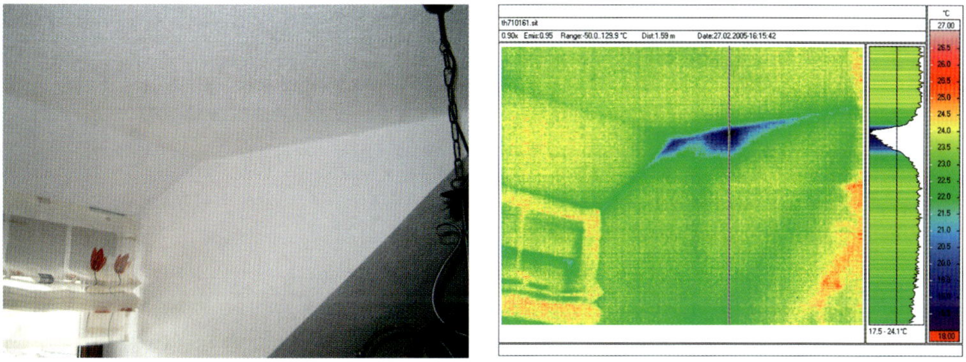

Abbildung 7-66 Abkühlung am Übergang zum Deckenbereich, Ursache: nicht anliegende Zellulose-Wärmedämmung, Temperaturunterschied ca. 6,5 Kelvin

Nach Bekanntgabe des Ergebnisses der Thermografie wurde vom Bauherrn die bei diesem Dachaufbau eingesetzte Zellulosedämmung nachgestopft. Es zeigte sich, dass tatsächlich im Bereich der Ecke eine Fehlstelle vorhanden war. Im darauffolgenden Jahr wurde der Bereich nochmals thermografiert. Der Eckbereich zeigt nun ein für Bauwerkskanten typisches und gleichmäßiges Absinken. Wird die gleiche Temperaturskala angelegt, ist durch das angelegte geringere Temperaturniveau keine Auswertung möglich. Bei verschobener Skaleneinteilung ist keine große punktuelle Abkühlung mehr sichtbar. Der Vertikalschnitt an gleicher Stelle zeigt nur noch einen Temperaturunterschied von ca. 2,5 Kelvin an.

Bei Trockenbauwänden ist es zur Vermeidung von Zugerscheinungen, Wärmeverlusten und Bauschäden besonders wichtig, die Luftdichtigkeit der Konstruktion sicherzustellen. So zeigt Abbildung 7-68 eine Doppelsteckdose, bei der kein Dichtungseinsatz zur Herstellung der Winddichtigkeit in der Hohlwanddose vorhanden war.

Aufnahme-datum	Temperaturrandbedingungen		weitere Informationen
	Außenluft-temperatur	Innenluft-temperatur	
14.01.2006 nachmittags	ca. -3 °C	ca. +21 °C	Gegenüber dem ersten Termin (25.05.2005) wurden normale Innentemperaturen eingestellt.

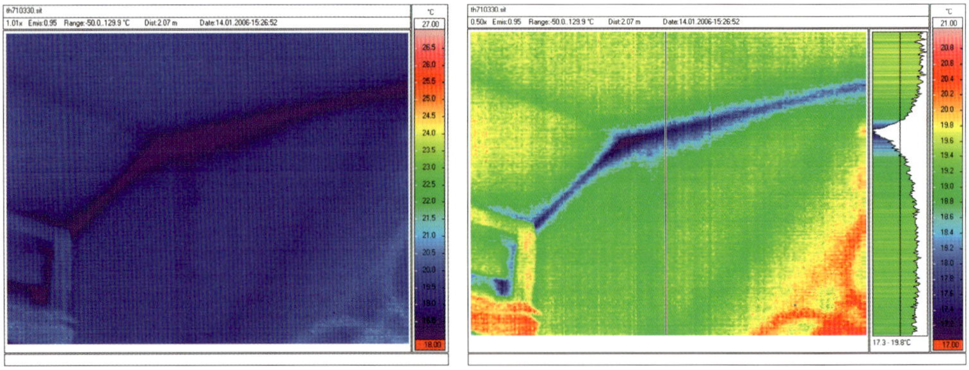

Abbildung 7-67 Nachkontrolle der auffälligen Stelle aus Abbildung 7-66, links: bei gleicher Temperaturspreizung wie in Abbildung 7-66 ist keine Interpretation möglich. Rechts: Darstellung mit neuer Skalierung: Die Abkühlung am Übergang zum Deckenbereich verläuft nun gleichmäßig über die gesamte Kante, der Temperaturunterschied beträgt nur noch ca. 2,5 Kelvin.

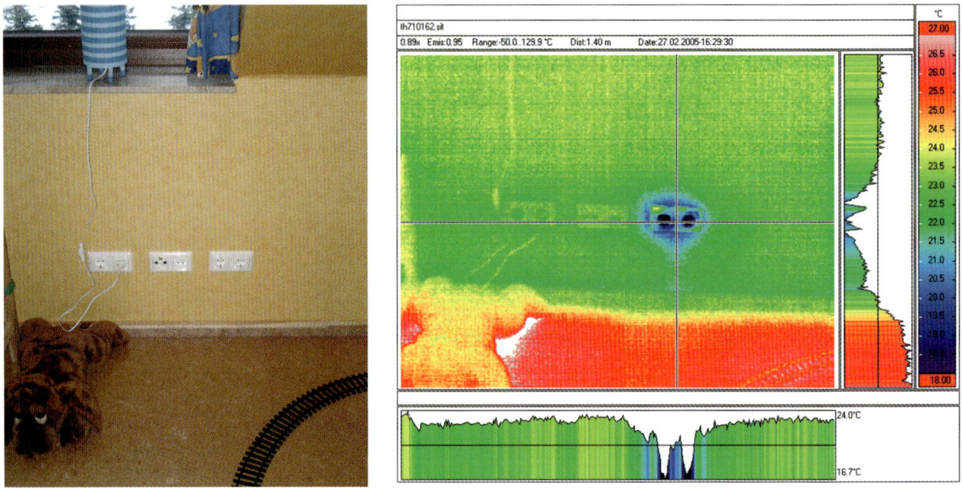

Abbildung 7-68 Undichtigkeit im Bereich von Elektroinstallationsdosen

7.5.5 Fehlende Wärmedämmung an einer Fensterlaibung

An einer Fensterkonstruktion in einem Schlafzimmer eines Mietobjektes wurden Schimmelpilzbildungen am Übergang Fensterrahmen – Laibung bemängelt (Abbildung 7-69). Im Rahmen einer gutachterlichen Stellungnahme sollten die Ursachen der Schimmelpilzbildung – baukonstruktiv oder nutzerbedingt verursacht – gefunden werden. Neben anderen Untersuchungs- und Messmethoden wurde auch hier die Thermografietechnik als Hilfsmittel eingesetzt.

Im Rahmen der thermografischen Untersuchung wurden Außen- und Innenaufnahme vorgenommen. Im Thermogramm war auffällig, dass am Übergang zwischen Fenster-

Abbildung 7-69 Überblick über das Gebäude mit einer Verblendfassade. Am Übergang Fensterrahmen zur Wandlaibung wurden vom Mieter Schimmelpilzbildungen gerügt.

rahmen und Laibung ein schmal begrenzter kühlerer Bereich sichtbar wurde (Abbildung 7-70). Nach Auswertung der Thermogramme und mit Kenntnis der geplanten Konstruktion wurde in der gutachterlichen Stellungnahme die Vermutung einer eventuell fehlenden Wärmedämmung an der Laibung geäußert.

Aufnahmedatum	Temperaturrandbedingungen		weitere Informationen
	Außenlufttemperatur	Innenlufttemperatur	
09.01.2008 nachmittags	ca. +5 °C	ca. +19 °C	Außenlufttemperatur 24h vor Messung: +3 °C bis +7 °C

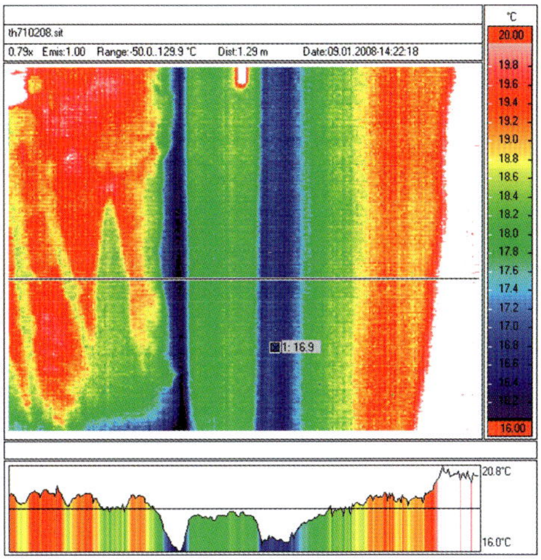

Abbildung 7-70 Übergang zwischen Laibung und Rahmen: Hier zeigt sich die Temperaturverteilung ungewöhnlich kühl. Anmerkung: Durch die Wirkung der spiegelnden Reflektion sieht sich der Thermograf häufig selbst im Thermogramm.

Von der Baufirma wurde daraufhin die äußere Verblechung geöffnet und eine nicht vollständig an die Laibung geführte Wärmedämmung vorgefunden (vgl. Abbildung 7-71). Die auf Grundlage der Thermografie geäußerte Vermutung hatte sich als richtig bestätigt.

Abbildung 7-71 Öffnung der außenliegenden Verblechung, mit Vergrößerung: Die Wärmedämmung war nicht vollflächig im Bereich der Laibung verlegt.

7.6 Nutzung der Thermografietechnik in der Forschung

7.6.1 Untersuchungen zur Anwendbarkeit des Wärmedurchgangskoeffizienten (U-Wert) als Kenngröße für Wärmetransportvorgänge

Der stationär zu ermittelnde Wärmedurchgangskoeffizient U wird in den relevanten Normenwerken als wichtigster Kennwert zur Erfassung der thermischen Eigenschaften eines Bauteils verwendet. Da in einigen Fachpublikationen die Anwendbarkeit dieses U-Wertes kontrovers diskutiert wird, wurden an der Universität Hannover Versuchsserien zum grundsätzlichen thermischen Verhalten verschiedener Baustoffproben durchgeführt.

Hierzu wurden insgesamt sieben verschiedene Probekörper bündig in einem wärmegedämmten Heißluftofen eingesetzt und einem definierten Temperaturgefälle ausgesetzt. Die sich im Aufheiz- und stationären Zustand einstellenden Temperaturen wurden mit oberflächig aufgebrachten Temperatursensoren gemessen. Die Thermografietechnik wurde zur Visualisierung des Aufheizvorganges und zur Überprüfung der punktuell erfassten Oberflächentemperaturmesswerte eingesetzt. Hierzu wurde mit Hilfe der in den meisten Thermografiesystemen vorhandenen Serienbildaufnahmefunktion alle 60 Sekunden eine Aufnahme angefertigt. Das Messprinzip der Untersuchungen ist in Abbildung 7-72 gezeigt.

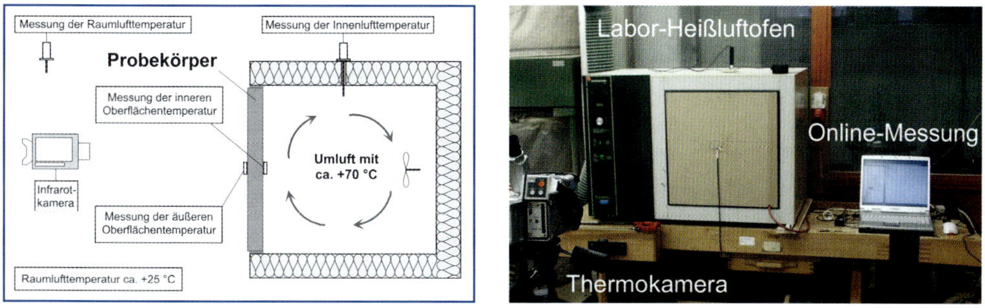

Abbildung 7-72 Messprinzip und praktischer Versuchsaufbau, hier mit Probekörper »Holzwerkstoff«

Aufnahme-datum	Temperaturrandbedingungen		weitere Informationen
	Außenluft-temperatur	Innenluft-temperatur	
13.08.2004 vormittags	ca. +25 °C (Lufttemperatur im Raum)	ca. +70 °C (Lufttemperatur im Ofen)	Die Proben wurde erst nach Aufheizen des Ofens eingebracht.

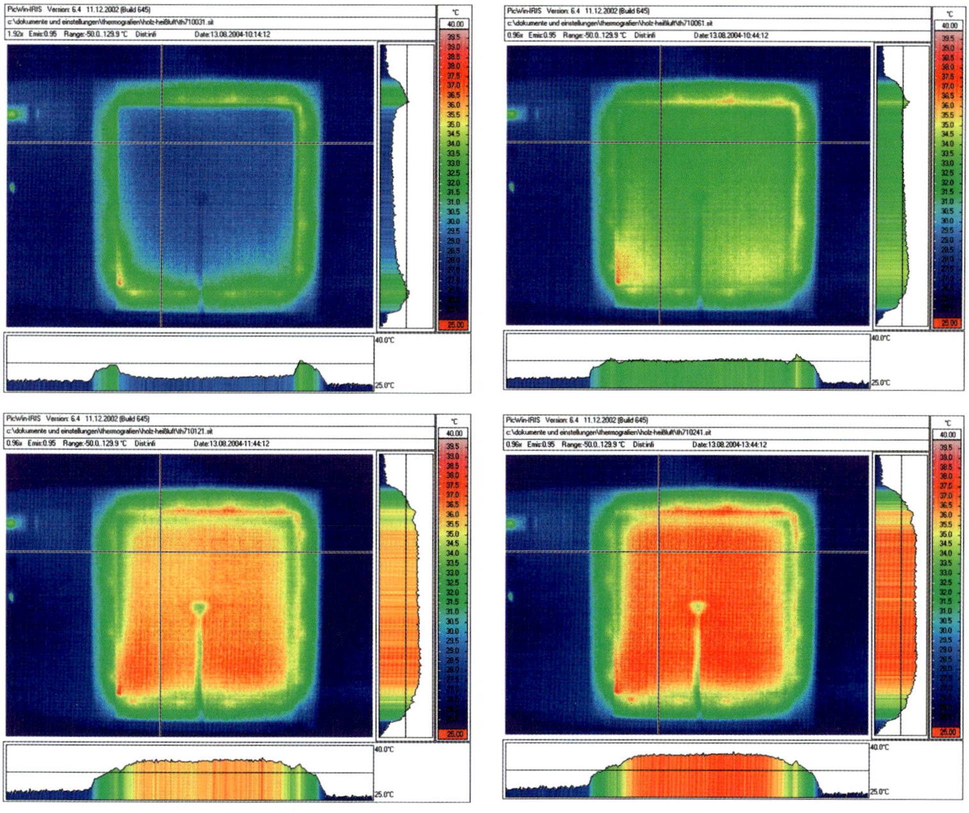

Abbildung 7-73 Erwärmung des Probekörpers »Holzwerkstoff« mit fortschreitender Versuchsdauer (zeitlicher Abstand zwischen erster und letzter Aufnahme: 3,5 Stunden)

Im Anschluss an die hier vorgestellten Bauteilversuche wurden numerische Untersuchen und Vergleichsrechnungen durchgeführt. Zusammenfassend haben die Untersuchungen gezeigt, dass bei Anwendung des stationär ermittelten U-Wertes als Kenngröße für Wärmetransportvorgänge insbesondere bei längerfristigen Betrachtungszeiträumen realitätsnahe Ergebnisse zu erreichen sind. Mit Hilfe der Thermografieuntersuchungen konnten die mit herkömmlichen Oberflächentemperatursensoren gewonnenen Werte auf ihre Aussagefähigkeit überprüft werden.

Ausführliche Erläuterungen zu den Untersuchungen können einem Fachaufsatz im Bauphysik-Kalender 2005 [35] entnommen werden.

7.6.2 Betonprobekörper unter zyklischer Beanspruchung

Zur Entwicklung neuer Materialgesetze zyklisch beanspruchter Hochleistungsbetone (z. B. für Windenergie-Anlagen) werden am Institut für Baustoffe der Universität Hannover Versuchsreihen durchgeführt. Hierbei werden mit einer Hochleistungspresse Belastungen und Entlastungen in sehr schneller Folge auf einen zylindrischen Prüfkörper aus Beton aufgebracht. Bei den Be- und Entlastungen wird im Prüfkörper Wärme erzeugt. Mit Hilfe der Thermografie kann der Ort an der Probe lokalisiert werden, an dem die meiste Wärme entsteht.

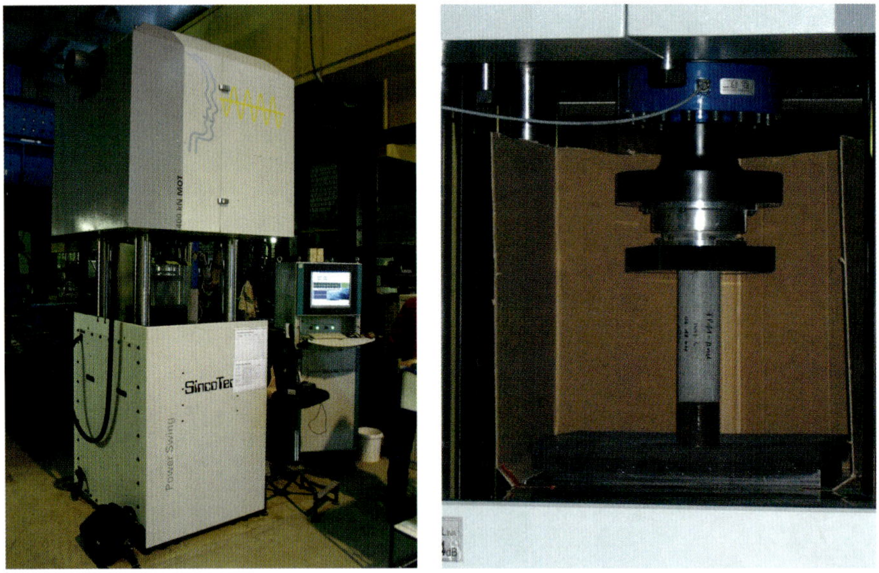

Abbildung 7-74 Prüfmaschine und Beton-Probekörper

Aufnahme-datum	Temperaturrandbedingungen		weitere Informationen
	Außenluft-temperatur	Innenluft-temperatur	
26.01.2005 abends	./.	ca. +20 °C	Probekörper in einer Prüfmaschine mit dynamischer Be- und Entlastung

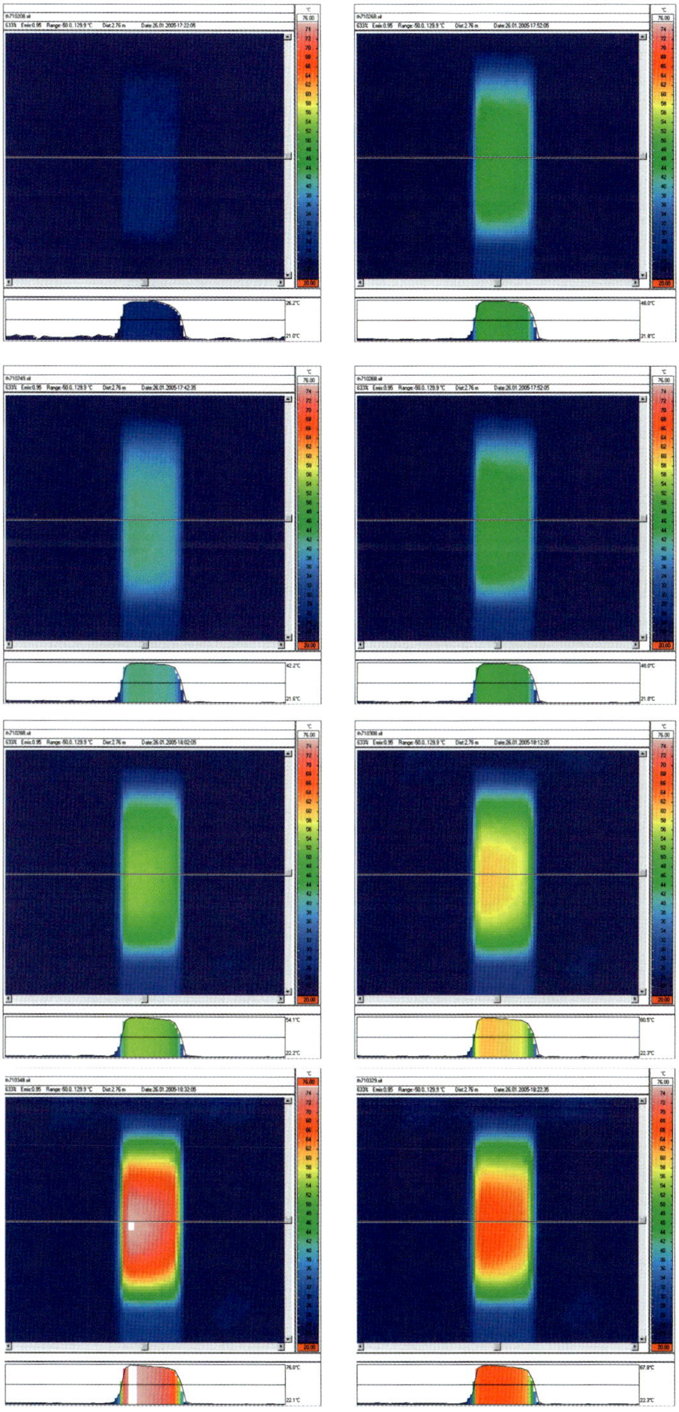

Abbildung 7-75 Erwärmung des Probekörpers mit fortschreitender Versuchsdauer (zeitlicher Abstand zwischen den Aufnahmen: je zehn Minuten)

7.6.3 Zugversuch an einem Stahldübel

Im Rahmen materialtechnischer Untersuchungen wurde die Zugfestigkeit von Stahldübeln bestimmt. Ergänzend wurde die Temperaturentwicklung des Stahldübels beim Einschnürprozess und beim Bruch untersucht.

Abbildung 7-76 Stahldübel im Zugversuch mit beginnender Einschnürung am späteren Bruchkegel

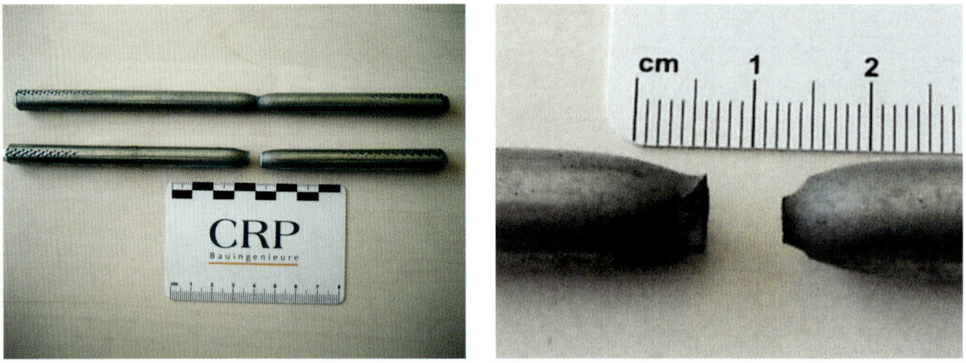

Abbildung 7-77 Detailaufnahme des Bruchkegels

Aufnahme-datum	Temperaturrandbedingungen		weitere Informationen
	Außenluft-temperatur	Innenluft-temperatur	
25.04.2005 nachmittags	./.	ca. + 18 °C	Stabdübel für Holzverbindungen Länge: 20 cm, Ø 10 mm, Emissionskorrektur vorgenommen (ε = 0,4)

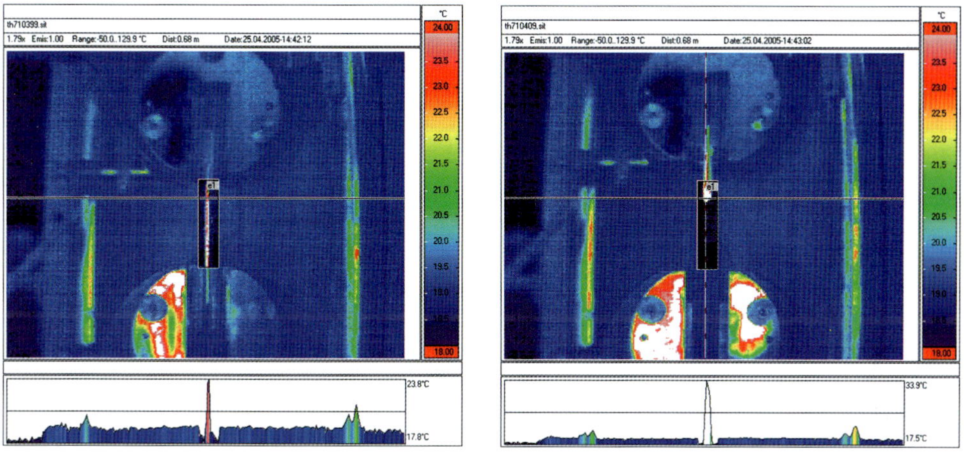

Abbildung 7-78 Stahldübel im Zugversuch und beginnende Einschnürung am späteren Bruchkegel, Emissionswert im markierten Bereiche auf ε = 0,4 korrigiert, an den unteren Festhaltebacken sind Spiegeleffekte zu beobachten (entstanden beim Fotografieren der Probe).

Im Rahmen dieses Beispiels soll an dieser Stelle auf die praktische Bedeutung des Emissionsgrades hingewiesen werden: Die Kenntnis des für die Oberfläche korrekten Emissionsgrades ist dann wichtig, wenn die absolute Oberflächentemperatur des zu messenden Objektes von Interesse ist.

Beim oben gezeigten Beispiel besteht der Dübel aus glänzendem Stahl. Wie den Erläuterungen im »Header« der Thermogramme in Abbildung 7-78 zu entnehmen ist, wurden die Aufnahmen mit einem (globalen) Emissionsgrad ε = 1 aufgenommen. Der Emissionsgrad für »glänzenden Stahl« kann realistisch mit etwa ε = 0,30 bis 0,50 angenommen werden. Im vorliegenden Fall ist eine lokale Emissionsgradkorrektur auf ε = 0,40 (Umgebungsstrahlungstemperatur θ_U = 18 °C) vorgenommen worden.

Wird der Emissionsgrad nicht angepasst, wird im Thermogramm für den Bereich des Stahldübels eine zu geringe Oberflächentemperatur angezeigt (vgl. Abbildung 7-79). Mit modernen Auswertesoftware-Systemen kann eine Emissionswertkorrektur global (für das ganze Bild) oder nur lokal (für ein zuvor markiertes Gebiet) durchgeführt werden.

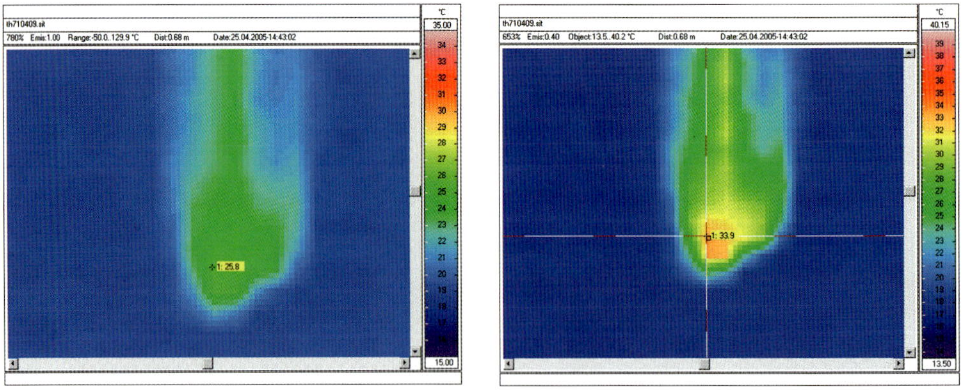

Abbildung 7-79 Detailaufnahme des Bruchkegels aus Abbildung 7-78 mit unterschiedlichen Emissionsgraden (links: ε = 1,0 angezeigte Oberflächentemperatur θ_s = 25,8 °C, rechts: realistische Annahme mit ε = 0,4 Oberflächentemperatur θ_s = 33,9 °C)

8 Thermografische Signaturen typischer Konstruktionen

8.1 Wandkonstruktionen, Gebäudehülle

8.1.1 Altbau, teilweise mit innenseitiger Wärmedämmung

Altbaubestände weisen gegenüber wärmetechnisch sanierten oder neu errichteten Gebäuden einen deutlich höheren Wärmeverlust auf. Eine typische thermografische Aufnahme eines derartigen Gebäudes ist in Abbildung 8-1 gezeigt.

Aufnahmedatum	Temperaturrandbedingungen		weitere Informationen
	Außenlufttemperatur	Innenlufttemperatur	
02.03.2005 nachts	ca. 1 °C	ca. +22 °C (geschätzt)	vgl. auch Thermogramm in Abschnitt 8.1.2, Abbildung 8-3

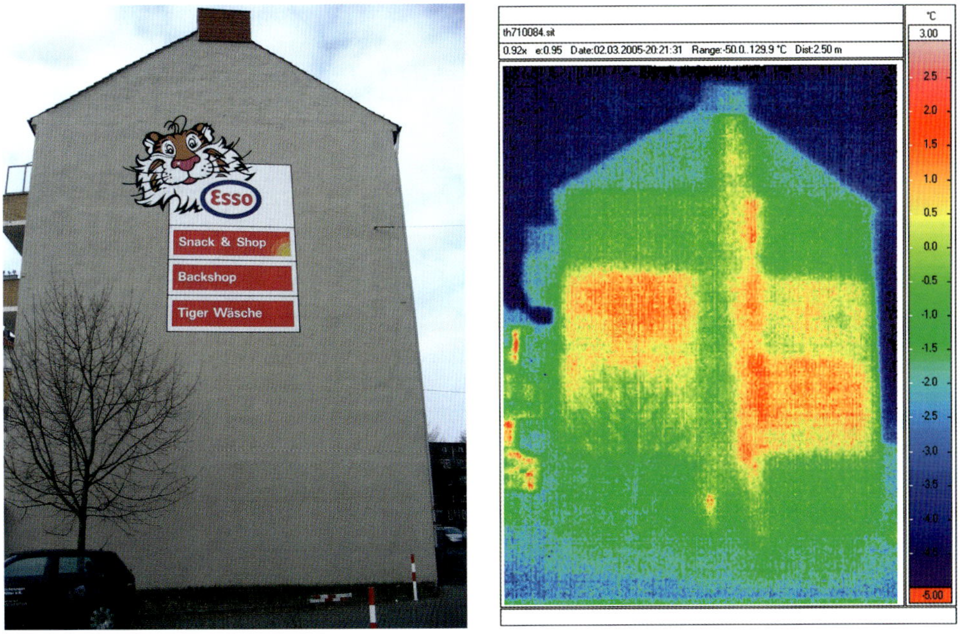

Abbildung 8-1 Bestandsgebäude mit typischem schachbrettartigem Muster im Thermogramm

Dachgeschoss:	nicht ausgebaut und daher auch deutlich kühler als die anderen Außenwandflächen
4. Obergeschoss:	könnte als nicht bewohnt gedeutet werden, aus Informationen zum Ortstermin war aber bekannt, dass vom Mieter bereits eine Innenwärmedämmung angeordnet wurde.
3. und 2. Obergeschoss:	bewohnte Räume im Bestand ohne zusätzliche Wärmedämmung, zeigt den originären Zustand des Altbaus an.
1. Obergeschoss:	mit Innenwärmedämmung versehen, daher unauffällig
Erdgeschoss:	Durchfahrt zum Hinterhof, erscheint durch die geschützte Lage (keine Abstrahlung möglich) relativ warm.
Schornstein:	wird von den Mietern als Wrasenabzug in den Küchen genutzt, wärmere Bereiche fangen daher auch erst im 1. Obergeschoss an.

8.1.2 Altbauten mit punktueller Beheizung

Bei Altbauten sind häufig in den Außenwandflächenbereichen lokal begrenzte Hotspots zu beobachten. Neben der Möglichkeit, dass es sich bei diesen Bereichen tatsächlich um Wärmebrückeneffekte handelt, weist dieses Verhalten meist auf die in diesem Bereich angeordneten Heizkörper hin. Durch den relativ hohen Wärmebedarf der Altbauten muss die Heizungsanlage entsprechend stark heizen, die Wärmeverluste im Bereich der

Aufnahme-datum	Temperaturrandbedingungen		weitere Informationen
	Außenluft-temperatur	Innenluft-temperatur	
14.12.2004 früh	ca. -1 °C	ca. +18 °C	temporäre Beheizung des Gebäudes ca. zwei Tage vor Durchführung des Ortstermins, Elektrospeicherheizung

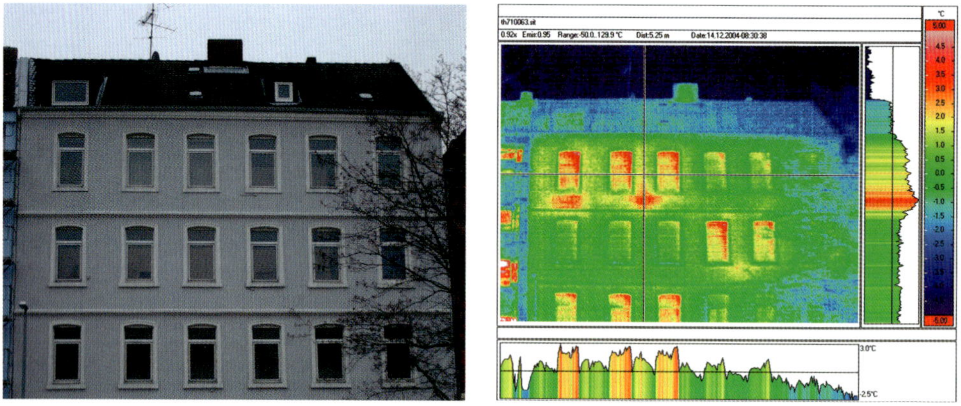

Abbildung 8-2 Altbau mit deutlicher Abzeichnung der Lage der Heizkörper (hier: Elektro-Nachtspeicher-heizkörper)

Außenwände sind dann ebenfalls höher. Verschärft wird dieses Phänomen, wenn die Heizkörper in Nischen mit entsprechender Verringerung der Wanddicken angeordnet wurden. Wurden die Zuleitungen der Heizungsleitungen in den Außenwänden verlegt, zeichnen sie sich meist als »vertikale Striche« ab (vgl. Abbildung 8-3).

Aufnahme-datum	Temperaturrandbedingungen		weitere Informationen
	Außenluft-temperatur	Innenluft-temperatur	
02.03.2005 nachts	ca. -1 °C	ca. +24 °C (geschätzt)	Bildausschnitt des Thermogramms durch schwarzen Rahmen gekennzeichnet

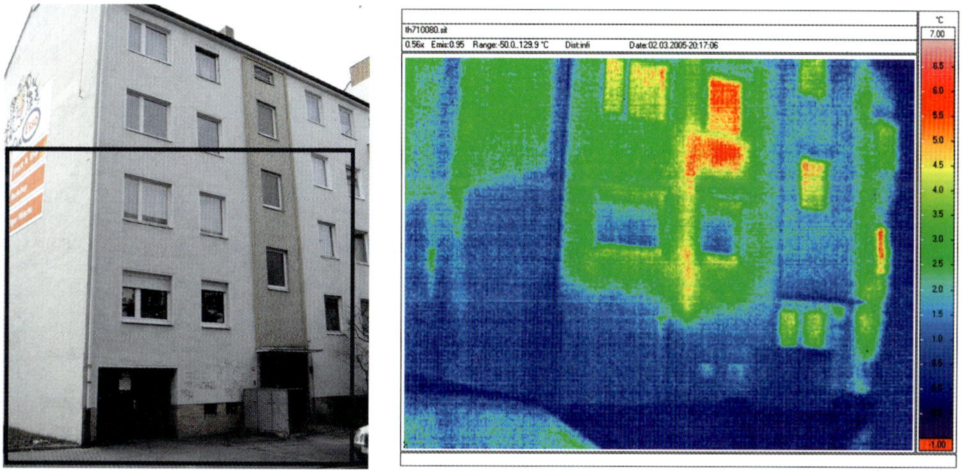

Abbildung 8-3 Altbau mit deutlicher Abzeichnung eines Heizkörpers und der Steigleitung. Im 1.OG über der Durchfahrt zeigt das Thermogramm den Unterschied zwischen der Giebelwand mit Innenwärmedämmung und der Bestandswand mit den Fenstern an.

8.1.3 Hinterlüftete Außenwandkonstruktionen

Bei hinterlüfteten Außenwandkonstruktionen ist in der Regel eine etwa 4 bis 6 cm dicke Luftschicht zwischen Vorsatz- und Wärmedämmschicht vorgesehen, die über Lüftungsschlitze am unteren und oberen Rand der Vorsatzschicht mit der Außenluft in Verbindung steht. Hierdurch soll erreicht werden, dass die Zwischenluft zirkuliert und eventuell eingedrungene Feuchtigkeit (von außen durch Schlagregen oder infolge Dampfdiffusion) wieder abgeführt werden kann.

In wärmetechnischer Hinsicht führt diese Konstruktionspraxis dazu, dass die Vorsatzschicht eine nahezu gleichmäßige Temperatur annimmt (Abbildung 8-5) und hinter der Lüftungsebene eventuell vorhandene konstruktiv bedingte Temperaturunterschiede nicht ermittelt werden können. Derartige Konstruktionen werden daher sinnvollerweise nur von innen thermografiert (vgl. auch Abschnitt 7.4.6).

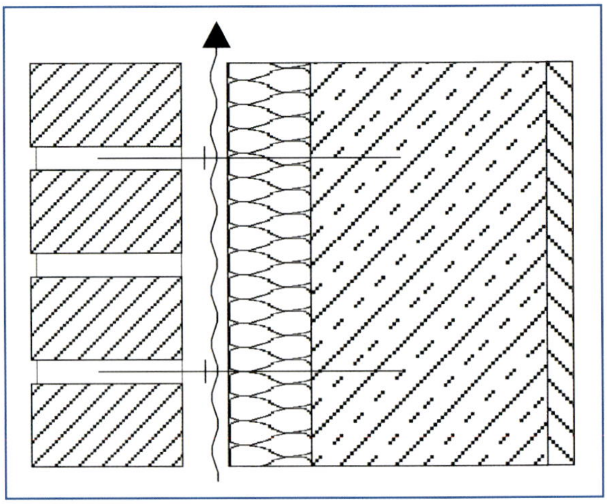

Abbildung 8-4 Konstruktiver Aufbau einer hinterlüfteten Wandkonstruktion

Aufnahmedatum	Temperaturrandbedingungen		weitere Informationen
	Außenlufttemperatur	Innenlufttemperatur	
28.01.2005 vormittags	ca. – 1 °C	ca. +22 °C	hinterlüftete, zweischalige Außenwandkonstruktion

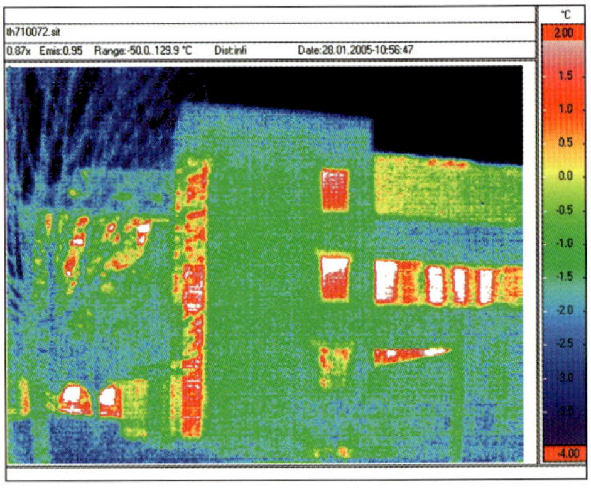

Abbildung 8-5 Hinterlüftete Wandkonstruktion, durch Homogenisierung der hinterlüfteten Vormauerschale sind kaum Temperaturunterschiede zu erkennen.

Ein weiteres Beispiel einer typischen Thermografie einer schadenfreien hinterlüfteten Bekleidung zeigt Abbildung 8-6. Die Oberflächentemperaturen sind unauffällig niedrig, an Durchstoßungspunkten von Lüftungsauslässen sind »Hotspots« sichtbar.

Aufnahme-datum	Temperaturrandbedingungen		weitere Informationen
	Außenluft-temperatur	Innenluft-temperatur	
09.01.2008 nachmittags	ca. +5 °C	ca. +19 °C	Außenlufttemperatur 24h vor Messung: +3 °C bis +7 °C

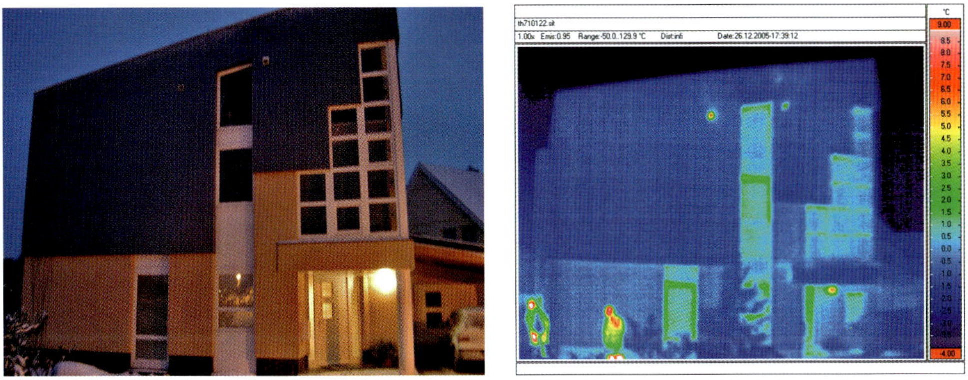

Abbildung 8-6 Beispiel einer hinterlüfteten Bekleidung im oberen Teil des Gebäudes.

Eine weitere Außenthermografie einer hinterlüfteten Lagerhalle zeigt Abbildung 8-7. Auch hier zeigt das Thermogramm eine Anomalie an einem Stoßpunkt der Bekleidung. Vermutlich könnte hier eine Undichtigkeit bzw. ein Verlegefehler der hinteren Wärmedämmung vorliegen.

Aufnahme-datum	Temperaturrandbedingungen		weitere Informationen
	Außenluft-temperatur	Innenluft-temperatur	
22.12.2007 nachmittags	ca. -3 °C	ca. +10 °C (geschätzt)	bedeckter Himmel, langanhaltende Kaltwetterlage

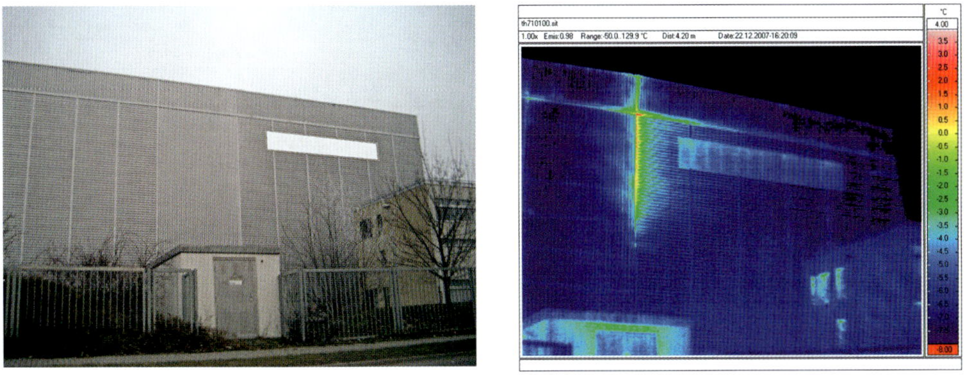

Abbildung 8-7 Thermografie einer Lagerhalle. Auffälligkeiten an hinterlüfteten Bekleidungen werden häufig auch bei Außenthermografien sichtbar, die Ursachenfindung ist meist durch andere Unteruchungen sicherzustellen.

8.1.4 Innenwandkonstruktionen mit Bekleidungen

Die bereits in Abschnitt 8.1.3 beschriebene Problematik der Homogenisierung der Temperatur bei hinterlüfteten Konstruktionen tritt auch bei Konstruktionen mit einer Innenbekleidung auf. Die aufgenommenen Thermogramme erlauben in diesem Fall keinen Rückschluss auf das Verhalten hinter der Bekleidung. In diesem Beispiel sind Bereiche mit vergoldeten Oberflächen vorhanden. Zur Wertung der an diesen vergoldeten Stellen im Thermogramm angezeigten Oberflächentemperaturen sei auf die Ausführungen zu den Emissionszahlen ε in Abschnitt 2.1.2 verwiesen.

Aufnahmedatum	Temperaturrandbedingungen		weitere Informationen
	Außenlufttemperatur	Innenlufttemperatur	
28.01.2005 vormittags	ca. –1 °C	ca. +22 °C	hinterlüftete, zweischalige Außenwandkonstruktion

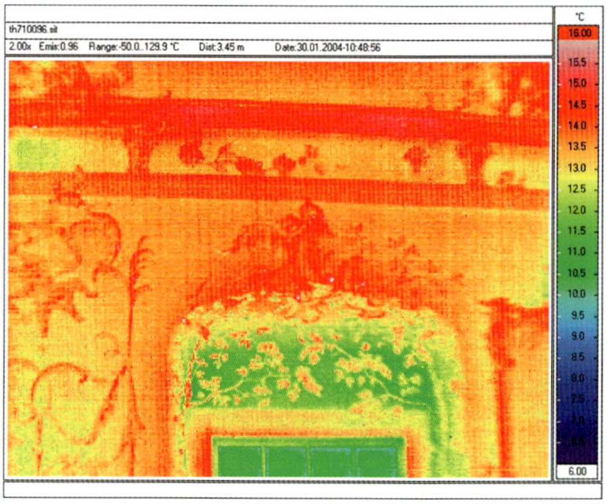

Abbildung 8-8 Mit Holzbekleidungen und Verzierungen versehener Wand-Deckenübergang in einem historischen Gebäude

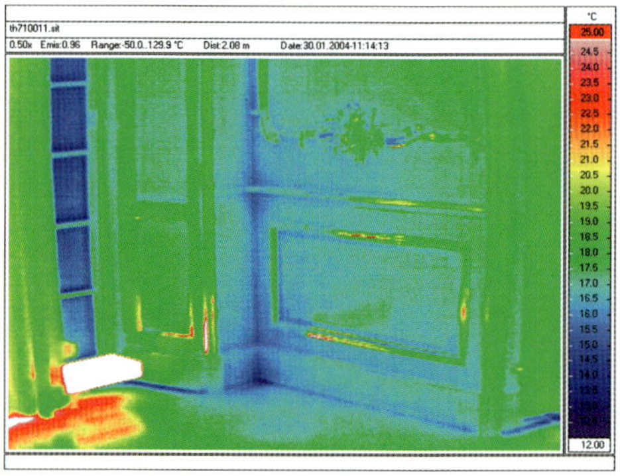

Abbildung 8-9 Holzbekleidung in einem historischen Gebäude, Details der dahinterliegenden Konstruktion sind nicht zu erkennen.

8.1.5 Großflächige Verglasungen

Als typisch großflächig verglaste Gebäude werden die Schauräume der Autohäuser angelegt. Ein typisches Thermogramm eines derartigen Gebäudes zeigt Abbildung 8-10. Markant sind die Temperaturerhöhungen im Bereich der Pfosten-Riegelkonstruktion. Bei der Angabe von genaueren Absoluttemperaturen ist die realistische Eingabe des Emissionswertes ε und der Umgebungstemperatur θ_U notwendig. Bei den in Thermogrammen abgebildeten Glasflächen ist die genaue Angabe von Absoluttemperaturen nicht einfach, hier ist neben den Reflexionseigenschaften und dem Emissionswert auch bei kurzwelligen Infrarotsystemen (Wellenlängenbereich 3 – 5 μm) die Durchlässigkeit der Verglasung zu beachten.

Aufnahmedatum	Temperaturrandbedingungen		weitere Informationen
	Außenlufttemperatur	Innenlufttemperatur	
21.11.2005 abends	ca. 0 °C	ca. +20 °C	./.

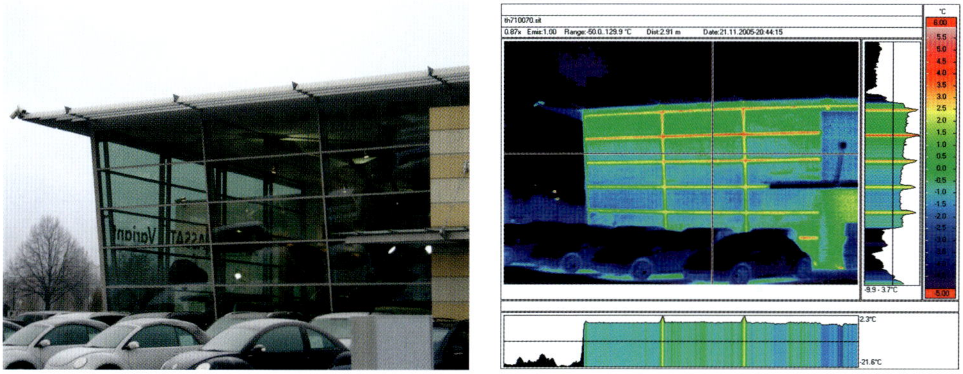

Abbildung 8-10 Großflächig verglaster Autoschauraum, Thermogramm vereinfacht mit ε = 1 dargestellt

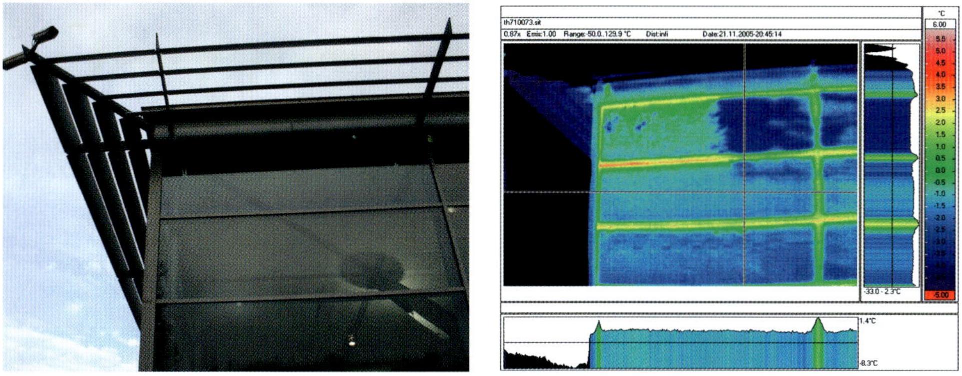

Abbildung 8-11 Detail des Eckbereichs, Thermogramm vereinfacht mit ε = 1 dargestellt

8.2 Sonstige Konstruktionen/Materialien

8.2.1 Thermografie von Kunststoffen – kritische Betrachtung

Die folgende Thermografie zeigt die ehemals als Werfthalle für den Cargo-Lifter erbaute, mit einer Länge von 360 m und einer Höhe von 107 m enorm große, freitragende Hallenkonstruktion. Dem neuen Nutzungskonzept der Halle folgend wird die Konstruktion als »Tropical Island« (Bade- und Veranstaltungsort mit tropischem Regenwald) mit Lufttemperaturen von etwa 25 °C bis 28 °C genutzt.

Die zum Zeitpunkt der Aufnahme gezeigte Umfassungskonstruktion besteht im Wesentlichen aus zweischaligen, PVC-beschichteten Polyester-Membranen (PES) mit einer Schlusslackbeschichtung. Zwischenzeitlich wurde die Membran im Mittelteil durch eine optisch und für UV-Strahlung transparente ETFE-Membran ersetzt.

Die in Abbildung 8-13 dargestellte Thermografie soll als Beispiel einer kritischen Hinterfragung von Thermogrammen dienen.

Aufnahme-datum	Temperaturrandbedingungen		weitere Informationen
	Außenluft-temperatur	Innenluft-temperatur	
26.02.2005 mittags	ca. -1 °C	ca. +25 °C	./.

Abbildung 8-12 Ehemalige Cargo-Lifter-Halle, jetzt »Tropical Island«

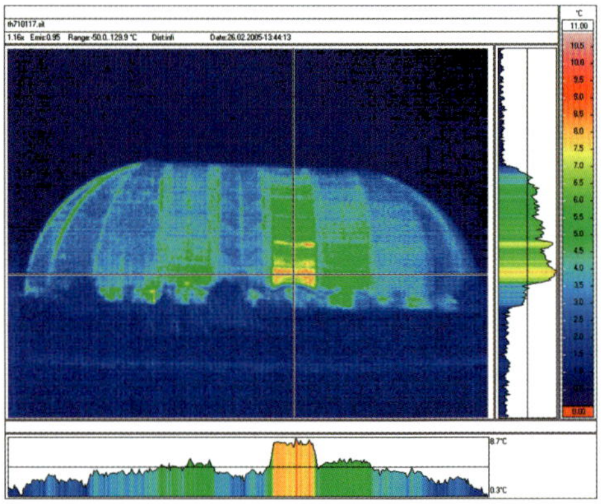

Abbildung 8-13 Thermogramm der »Tropical Island«-Halle

Aufnahmebedingungen

Der Aufnahmeabstand betrug etwa 700 m, zum Zeitpunkt der Aufnahme herrschte diesiges Wetter und es setzte Schneefall ein. Wie den Ausführungen in Abschnitt 2.2 zu entnehmen ist, ist beim Gang der Strahlung durch die Atmosphäre eine Schwächung der detektierten Strahlung eingetreten. Mit dem für Bauthermografie ungewöhnlich weiten Aufnahmeabstand und dem herrschenden diesigen Wetter ist der Einfluss der Atmosphäre nicht mehr zu vernachlässigen.

Geometrische Auflösung

Durch das geometrische Auflösungsvermögen des Kamerasystems von 1,58 mrad ergibt sich für ein Aufnahmepixel ein Messfleck von etwa 1,58 · 700 m · Optikeinfluss ≈ 1,15 m. Nähere Details, die zu der im Thermogramm dargestellten bereichsweisen Erhöhung der Oberflächentemperatur führten, sind bei dieser Messfleckgröße nicht zu erkennen. Die angezeigten Temperaturen betreffend sei auch auf die Wirkung des bereits in Abschnitt 6.5.2 gezeigten Abstandseffekt hingewiesen.

Messung an Kunststoffen

Das Verhalten des Emissions- bzw. Transmissionsgrades der thermografierten Kunststofffolie mit einer Lackbeschichtung (Größe, Winkelabhängigkeit, Temperaturabhängigkeit) ist nicht genau bekannt und stellt bezüglich einer genaueren Temperaturbestimmung einen wesentlichen Einflussparameter dar.

Zusammenfassend zeigt sich, dass das dargestellte Thermogramm nur als Überblickbild gewertet werden sollte, detaillierte Aussagen auf die Konstruktion lässt es eher nicht zu.

8.2.2 Thermografieanwendungen außerhalb des Bauwesens

Thermografie wird nicht nur im Bauwesen angewendet, sondern auch in nahezu allen anderen technischen Disziplinen. Hierzu zählen beispielsweise:

- Maschinenbau und Prozesssteuerung
- Feuerwehr (Personenauffindung, Glutnester)
- Medizintechnik
- Militärtechnik.

Ein Beispiel einer »artfremden« Nutzung der Thermografie ist in den folgenden Thermogrammen von Flugzeugen gezeigt.

Aufnahmedatum	Temperaturrandbedingungen		weitere Informationen
	Außenlufttemperatur	Innenlufttemperatur	
15.06.2005 abends	ca. +25 °C	./.	Aufnahme am Flugplatz Hannover-Langenhagen EDDV, Startbahn Süd

Abbildung 8-14 Thermogramm einer Boeing 737-800

Bei der hier dargestellten Maschine sind die Hauptfahrwerksbereiche infolge der Bremsmanöver am Boden erwärmt. Weiterhin ist zu beachten, dass die Temperatur im Triebwerksauslass bereits außerhalb des gerade eingestellten Messbereichs der verwendeten Thermografiekamera liegt (120 °C). Für diese Anwendungsgebiete wäre der Temperaturbereich der Kamera zu wechseln.

Das Thermogramm in Abbildung 8-15 zeigt ein weiteres Flugzeug. Im Bereich des Rumpfes und der heruntergefahrenen Auftriebshilfe des Flügels ist die Wirkung der Winkelabhängigkeit des Emissionsgrades auf den Anzeigewert der Temperatur zu erkennen. Die Bremsen des Hauptfahrwerkes sind wie bereits im obigen Bild erwärmt, auffällig ist eine punktuelle Erwärmung des Rumpfes durch eine Ausblasöffnung der Flugzeugklimatisierung in der Nähe des Rumpf-Flächenübergangs.

Abbildung 8-15 Aufnahme einer Tupolev 154-M

9 Zusammenfassung und Kurzleitfaden der Thermogrammerstellung

Die vorherigen Kapitel und Beispiele zeigen die Theorie, die verschiedenen Kameratechniken und die vielfältigen Möglichkeiten bei der Anwendung der Infrarot-Technik auf. In Kurzform sollen an dieser Stelle die zu beachtenden Einflüsse bei der Erstellung von Thermogrammen dargestellt werden, wobei deren Bedeutung und Tragweite durch die angegebenen Stichworte nur kurz umrissen werden. Die angegebenen Hinweise sind nicht starr zu verstehen, im Rahmen der Messaufgabe oder des Einsatzzweckes könnten sich andere Kriterien als maßgebend darstellen.

9.1 Allgemeine Voraussetzungen

Anforderungen an Personal

- Das Personal besitzt fundierte Kenntnisse und Erfahrungen im Bereich der (Bau-)Physik, Messtechnik und allgemeinen Bautechnik, um die Messung mit Infrarotsystemen sicher durchführen zu können.

Anforderungen an Thermografiegeräte

- Das verwendete System ist für die Durchführung von bauthermografischen Aufnahmen hinsichtlich der thermischen, geometrischen und zeitlichen Auflösung, des Temperaturbereichs sowie der Detektorempfindlichkeit bei den zu erwartenden Messtemperaturen geeignet.
- Die Auswertesoftware ist zur Bearbeitung der aufgenommenen Thermogramme und zur Erstellung eines aussagekräftigen Berichtes der durchgeführten Untersuchung geeignet.

9.2 Durchführung der thermografischen Untersuchung

Meteorologische Randbedingungen

- Temperaturdifferenzen zwischen innen und außen ausreichend hoch und mit geringen Schwankungen insbesondere vor Thermogrammerstellung
- Durchführung von Außenthermografien vor Sonnenaufgang bzw. Thermogramme ohne Einfluss direkter Sonneneinstrahlung aufzeichnen

- Verfälschung der von außen aufgenommenen Thermogramme bei hohen Windgeschwindigkeiten möglich (konvektiver Wärmeübergang), daher unter Umständen relativ windstilles Wetter abwarten
- keine Außenthermografie bei befeuchteten Wandflächen

Vorbereitung thermografischer Untersuchungen

- Ortsbesichtigung im Vorfeld der Untersuchungen und Feststellung des vorhandenen Konstruktionsaufbaus aus Plänen, Baubeschreibung oder Probeöffnungen
- gleichmäßige und ausreichende Beheizung der Gebäude im Vorfeld der Thermografie (Öffnen der Innentüren zur gleichmäßigen Erwärmung), evtl. auch Umräumung von Einrichtungsgegenständen vor der Beheizung
- wenn möglich: Aufzeichnung des Innenklimas mit Datenloggern
- grundsätzliche Informationen der Eigentümer, Mieter und Nachbarn zur Durchführung der Thermografie, um ungewollte Alarmierungen (Polizei) bei der nächtlichen Thermografie zu vermeiden, Abklärung der späteren Thermografiestandorte (sicherer Zugang in der Dunkelheit)
- Anfertigung von Normalbildern als Referenzbilder für die Thermogramme (vor, während oder nach Anfertigung der Thermogramme bei erstem Licht)

Einfluss der Messumgebung

- Messabstand so gering wie möglich halten (Einfluss der Atmosphäre, Messfleckgröße)
- keine Thermografie bei Nebel, Regen, Schnee (Verrauschen des Thermogramms durch Streuungseffekte)
- Einfluss der reflektierten Umgebungsstrahlung einschätzen und gegebenenfalls Strahlungstemperatur der Umgebung messen.

Einfluss des zu messenden Körpers (Oberfläche)

- Emissionsgrade der thermografierten Oberflächen sollten bekannt sein, falls die Emissionsgrade nur abschätzend anzugeben sind, sind auch die im Thermogramm angegebenen Absoluttemperaturen bezüglich der Genauigkeit kritisch zu hinterfragen.
- Die im Thermogramm abgebildeten Oberflächen sollten möglichst den gleichen Emissionsgrad aufweisen. Ansonsten sollten Hinweise gegeben werden, dass die angezeigte Temperatur in den abweichenden Bereichen nicht richtig ist (z. B. verspiegelte Verglasungen mit Rahmen im Zusammenhang mit Wänden – der Emissionsgrad der verspiegelten Verglasung ist meist geringer als der Emissionsgrad der Wandflächen).
- Einfluss von Reflektionen auf den Oberflächen sind zu beachten (z. B. an Verglasungen).

- Wenn möglich sollte die Umgebungsstrahlungstemperatur dokumentiert werden (meist im Thermogramm mit aufgezeichnet).

Erfassung signifikanter Einflussgrößen

Zur Erstellung des thermografischen Berichtes und evtl. zur Bearbeitung der Thermogramme ist die messtechnische Erfassung einiger Randbedingungen notwendig:

- Datum und Uhrzeit der Messung
- Messabstand zwischen Messobjekt und Aufnahmegerät (evtl. zur Bestimmung des Einflusses beim Durchgang durch die Atmosphäre)
- Außenlufttemperatur zum Messzeitpunkt
- Entwicklung der Außenlufttemperatur bis etwa 24 h vor der Untersuchung (zur Beurteilung der allgemeinen Klimasituation)
- relative Luftfeuchte im Bereich der Messumgebung (evtl. zur Bestimmung des Einflusses beim Durchgang durch die Atmosphäre)
- Innenlufttemperatur (zur Beurteilung der allgemeinen Klimasituation)
- Windgeschwindigkeit (Einfluss des konvektiven Wärmeübergangs)
- evtl. Erfassung von Oberflächentemperaturen mit üblichen Messverfahren als Referenz zu den Thermogrammen (Emissionswertproblematik, Problematik der Reflexion der Umgebungsstrahlung bzw. Hintergrundstrahlung)
- Abschätzung bzw. Erfassung der Strahlungstemperatur des Hintergrundes θ_U, Bei Aufnahme der Thermogramme von außen liefern evtl. die klimatischen Randbedingungen Hinweise (bewölkter Himmel - Strahlungstemperatur nahe der Lufttemperatur, klarer Himmel - Strahlungstemperatur meist deutlich unterhalb der Lufttemperatur).

Erstellung eines Untersuchungsberichtes

Grundsätzlich hängen die Gestaltung und der Inhalt eines Untersuchungsberichtes bzw. -protokolls von der jeweiligen Aufgabenstellung ab. Als Bestandteile eines Berichtes sind im Allgemeinen folgende Angaben sinnvoll:

- Zweck und Ziel der Thermografie und Beschreibung des Messobjektes (z. B. Aufbau der Konstruktion, schwere/leichte Bauweise usw.)
- Aufnahmezeitpunkt, Klimadaten, Besonderheiten bei der Aufnahme
- Angaben zur verwendeten Thermografietechnik und Software
- Thermogramme mit Lagebezug in Grundriss- oder Ansichtsplänen, reale Fotoaufnahmen
- Erläuterung der Thermogramme, Bewertung, Angaben von Oberflächentemperaturen bzw. Temperaturunterschieden (Genauigkeit von absoluten Temperaturangaben beachten)
- Schlussfolgerungen hinsichtlich der Aufgabenstellung.

10 Anhang

10.1 Nomenklatur

Größen

α	[./.]	Absorptionsgrad
α_S	[./.]	Absorptionsgrad des schwarzen Körpers, $\alpha_S = 1$
χ	[W/K]	Wärmebrückenverlustkoeffizient zur Berücksichtigung punktueller Wärmebrücken (EnEV)
ε	[./.]	Emissionsgrad
ε_M	[./.]	Emissionsgrad des Messobjektes
ε_{MP}	[./.]	Emissionsgrad des Messpfades
λ	[µm]	Wellenlänge
λ_{max}	[µm]	Ausstrahlungsmaximum (Strahldichtemaximum)
λ	[W/(m·K)]	Wärmeleitfähigkeit
θ_e	[°C]	Außenlufttemperatur
θ_{HS}	[K]	Strahlungstemperatur des Hintergrundes
θ_i	[°C]	Innenlufttemperatur
θ_M	[K]	(Strahlungs-)Temperatur des Messobjektes
θ_{MP}	[K]	Strahlungstemperatur des Messpfades
θ_{si}	[°C]	Oberflächentemperatur innen (s = surface)
θ_{se}	[°C]	Oberflächentemperatur außen (s = surface)
$\theta_{si, cr}$	[°C]	kritische innenseitige Oberflächentemperatur zur Vermeidung von Schimmelpilzbildung
θ_U	[K]	Strahlungstemperatur der Umgebung (mittlere Tempera- tur des Halbraumes vor oder über dem Messobjekt)
σ	[W/(m² · K⁴)]	Stefan-Boltzmann-Konstante = $5{,}67 \cdot 10^{-8}$ W/(m² · K⁴)
ρ	[./.]	Reflexionsgrad
ρ_M	[./.]	Reflexionsgrad des Messobjektes
ρ_{MP}	[./.]	Reflexionsgrad des Messpfades
τ	[./.]	Transmissionsgrad

τ_M	[./.]	Transmissionsgrad des Messobjektes
τ_{MP}	[./.]	Transmissionsgrad der Atmosphäre (für den Durchgang von infraroter Strahlung durch Messpfad)
ψ	[W/(m·K)]	Wärmebrückenverlustkoeffizient zur Berücksichtigung linienförmiger Wärmebrücken (EnEV)
A	[m^2]	Fläche
A	[W/m^2]	Allgemein: absorbierte Strahlung
c_1	[$W \cdot cm^{-2} \cdot \mu m^4$]	1. Strahlungskonstante = $3{,}7418 \cdot 10^4\ W \cdot cm^{-2} \cdot \mu m^4$
c_2	[$K \cdot \mu m$]	2. Strahlungskonstante = $1{,}4388 \cdot 10^4\ K \cdot \mu m^4$
C_S	[$W/(m^2 \cdot K^4)$]	Strahlungskoeffizient des schwarzen Körpers
f_{Rsi}	[./.]	Temperaturfaktor zur rechnerische Beurteilung von Wärmebrücken nach DIN 4108-2
h_{se}	[$W/(m^2 \cdot K)$]	Wärmeübergangskoeffizient, außen
h_{si}	[$W/(m^2 \cdot K)$]	Wärmeübergangskoeffizient, innen
H_S	[W/m^2]	Hintergrundstrahlung, $f(\theta_{HS})$
H_T	[W/K]	Transmissionswärmeverlust (EnEV)
M_λ	[$W/(cm^2 \cdot \mu m^4)$]	spektrale spezifische Ausstrahlung eines schwarzen Körpers
M_Σ	[W/m^2]	unmittelbar an einem realen Körper zu messende Strahlungsmenge, ohne Einfluss der Messstrecke
M'_Σ	[W/m^2]	durch Einfluss der Messstrecke verringerte, von einem realen Körper zu messende Strahlungsmenge
M	[W/m^2]	spezifische Ausstrahlung eines schwarzen Körpers oder allgemein für einfallende Strahlung
M_M	[W/m^2]	emittierte Ausstrahlung eines realen Körpers, $f(\theta_M)$
M_{MP}	[W/m^2]	vom Messpfad emittierte Strahlung, $f(\theta_{MP})$
M_{real}	[W/m^2]	spezifische Ausstrahlung eines realen Körpers
$M_{schw.Körper}$	[W/m^2]	spezifische Ausstrahlung eines schwarzen Körpers
M_{IR}	[W/m^2]	am Infrarotdetektor ankommende Strahlungsmenge
R	[W/m^2]	Allgemein: reflektierte Strahlung
R_{se}	[$m^2 \cdot K/W$]	Wärmeübergangswiderstand, außen
R_{si}	[$m^2 \cdot K/W$]	Wärmeübergangswiderstand, innen

R_U	[W/m²]	reflektierte Umgebungsstrahlung
R'_w	[dB]	Bewertetes Schalldämm-Maß
T	[K]	absolute Temperatur
T	[W/m²]	Allgemein: transmittierte Strahlung
T_{HS}	[W/m²]	transmittierte Hintergrundstrahlung
U	[W/m²]	Umgebungsstrahlung, $f(\theta_U)$
U	[W/(m² · K)]	Wärmedurchgangskoeffizient

Abkürzungen

ETFE	[./.]	**E**thylen-**T**etra**F**luor**E**thylen – Kunststoff für Folien, besonders gute Durchlässigkeit für Licht und UV-Strahlung
FOV	[°]	**F**ield **O**f **V**iew (Bildfeld, Blickfeldwinkel)
FPA	[./.]	**F**ocal-**P**lane-**A**rray – Detektortyp mit in Matrixform angeordneten Einzeldetektoren
IFOV	[mrad]	**I**nstantaneous **F**ield **O**f **V**iew (Blickfeldwinkel des einzelnen Detektors)
NETD	[K]	**N**oise **E**quivalent **T**emperature **D**ifference (Rauschäquivalente Temperaturdifferenz)
NUC	[./.]	**N**on **U**niformity **C**orrection Inhomogenitäts-Korrekturen zur Kompensation der gegenseitigen Beeinflussung benachbarter Detektoren
PES	[./.]	**P**oly**E**ther**S**ulfon – Kunststoff (Faserstoff für Trägergewebe)
PVC	[./.]	**P**oly**V**inyl**C**hlorid – thermoplastischer Kunststoff
WDVS	[./.]	**W**ärme**D**ämm**V**erbund-**S**ystem

10.2 Literaturverzeichnis

[1] ASTM C1046 - 95(2007) Standard Practice for In-Situ Measurement of Heat Flux and Temperature on Building Envelope Components

[2] ASTM C1060 - 11a Standard Practice for Thermographic Inspection of Insulation Installations in Envelope Cavities of Frame Buildings

[3] ASTM D4788 - 03(2007) Standard Test Method for Detecting Delaminations in Bridge Decks Using Infrared Thermography

[4] Baehr, H.D.; Stephan, K.: Wärme- und Stoffübertragung. 4., neu bearb. und erw. Aufl. Berlin [u. a.]: Springer-Verlag 2004

[5] Tanner, Christoph, Frank, Thomas.: Energetische Beurteilung von Gebäuden mittels IR-Bildern - Jahresbericht 2009. Luzern: Selbstverlag 2009

[6] Zimmermann, Günter (Hrsg.); Ruhnau, Ralf (Hrsg.); Bonk, Michael; Anders, Frank: Schäden durch mangelhaften Wärmeschutz. Stuttgart: Fraunhofer IRB Verlag 2003 (Schadenfreies Bauen; 32)

[7] Bundesministerium für Raumordnung, Bauwesen und Städtebau (Hrsg.): Dritter Bericht über Schäden an Gebäuden. Bonn: Selbstverlag 1995

[8] Deutscher Wetterdienst DWD (Hrsg.): Handbuch zu den neuen Testreferenzjahren 2011 (TRY). Offenbach: Selbstverlag 2011

[9] TU Dresden, Institut für Bauklimatik (Hrsg.): DELPHIN. Simulationsprogramm für den gekoppelten Wärme-, Luft-, Feuchte-, Schadstoff- und Salztransport. Dresden

[10] Deutsche Gesellschaft für Zerstörungsfreie Prüfung e.V. DGZfP (Hrsg.): Merkblatt zur Charakterisierung von Thermografiesystemen TH 01. Berlin: Selbstverlag 1999

[11] Deutsche Gesellschaft für Zerstörungsfreie Prüfung e.V. DGZfP (Hrsg.): Merkblatt über thermografische Untersuchungen an Bauteilen und Bauwerken B 05. Berlin: Selbstverlag 1993

[12] Norm DIN EN 473: Zerstörungsfreie Prüfung - Qualifizierung und Zertifizierung von Personal der zerstörungsfreien Prüfung - Allgemeine Grundlagen; Deutsche Fassung EN 473:2008. Ausgabedatum: 2008-09

[13] Norm DIN 4108-02: Wärmeschutz und Energie-Einsparung in Gebäuden - Teil 2: Mindestanforderungen an den Wärmeschutz. Ausgabedatum: 2003-07

[14] Norm DIN 5031: Strahlungsphysik im optischen Bereich und Lichttechnik

[15] Norm DIN EN 13187: Wärmetechnisches Verhalten von Gebäuden - Nachweis von Wärmebrücken in Gebäudehüllen - Infrarot-Verfahren (ISO 6781:1983, modifiziert); Deutsche Fassung EN 13187:1998. Ausgabedatum: 1999-05

[16] Norm DIN EN ISO 13788: Wärme- und feuchtetechnisches Verhalten von Bauteilen und Bauelementen - Raumseitige Oberflächentemperatur zur Vermeidung kritischer Oberflächenfeuchte und Tauwasserbildung im Bauteilinneren - Berechnungsverfahren; Deutsche Fassung prEN ISO 13788:2011. Ausgabedatum: 2011-06

[17] Norm DIN 54162: Zerstörungsfreie Prüfung - Qualifizierung und Zertifizierung von Personal für die thermografische Prüfung - Allgemeine und spezielle Grundlagen für Stufe 1, 2 und 3. Ausgabedatum: 2006-09

[18] Norm DIN 54190-1: Zerstörungsfreie Prüfung - Thermografische Prüfung - Teil 1: Allgemeine Grundlagen. Ausgabedatum: 2004-08

[19] Norm DIN 54190-2: Zerstörungsfreie Prüfung - Thermografische Prüfung - Teil 2: Geräte. Ausgabedatum: 2011-09

[20] Norm DIN 54190-3: Zerstörungsfreie Prüfung - Thermografische Prüfung - Teil 3: Begriffe. Ausgabedatum: 2006-02

[21] Norm DIN 54192: Zerstörungsfreie Prüfung - Aktive Thermografie. Ausgabedatum: 2010-11

[22] DIN EN ISO 6949 (2008-04): Bauteile - Wärmedurchlasswiderstand und Wärmedurchgangskoeffizient - Berechnungsverfahren (ISO 6946:2007); Deutsche Fassung EN ISO 6946:2007. Berlin: DIN Deutsches Institut für Normung e.V.

[23] Dittié, Georg: Die Aussagekraft von Thermogrammen. In: Europäisches Institut für Postgraduale Bildung an der TU Dresden e.V. EIPOS (Hrsg.): Immobilien- und Bauschadensbewertung 3. Beiträge aus Praxis, Forschung und Weiterbildung. Renningen: Expert-Verlag 2010, S. 17-32 (Forum EIPOS; 21)

[24] Leibniz Universität Hannover, Institut für Bauphysik (Hrsg.); Fischer, Nico: Einflüsse von klimatischen und baulichen Randbedingungen auf die Detektierbarkeit von Unregelmäßigkeiten in der Gebäudethermografie. Hannover: Selbstverlag 2011

[25] Honeywell Resarch Center (Hrsg.); Gubareff, G.G.; Jansen, J.E.: Thermal Radiation Properties Survey. Minneapolis/MN: Selbstverlag 1960

[26] Hauser, G.: Wärmebrücken. In: Cziesielski, Erich (Hrsg.): Bauphysik-Kalender 2001. Berlin: Ernst & Sohn 2001 (Bauphysik-Kalender; 1)

[27] Norm ISO 6781: Wärmeschutz; Qualitativer Nachweis von thermischen Unregelmäßigkeiten an Gebäudeaußenbauteilen; Infrarotverfahren. Ausgabedatum: 1983-12

[28] Zimmermann, Günter (Hrsg.); Jenisch, Richard; Stohrer, Martin: Tauwasserschäden. 2., überarb. Aufl. Stuttgart: Fraunhofer IRB Verlag 2001 (Schadenfreies Bauen; 16)

[29] Universität Stuttgart, Fakultät Bauingenieur- und Vermessungswesen (Hrsg.); Künzel, Hartwig M.: Verfahren zur ein- und zweidimensionalen Berechnung des gekoppelten Wärme- und Feuchtetransports in Bauteilen mit einfachen Kennwerten. Stuttgart: Selbstverlag 1994

[30] Leitfaden für Anwender der Infrarotthermografie bei instationären Temperaturverhältnissen zur Feststellung versteckter Baufehler. Abschlussbericht. Thermografie im Bauwesen (1999)

[31] NEC San-ei Instruments, Ltd. (Hrsg.): Thermo Tracer Series TH 7102 - Operation Manual. 2002

[32] Nehring, G.: Über den Wärmefluß durch Außenwände und Dächer in klimatisierte Räume infolge der periodischen Tagesgänge der bestimmenden meteorologischen Elemente. Gesundheits-Ingenieur 83(1962), H. 7, S. 185-189; H. 8, S. 230-242; H. 9, S. 253-269

[33] Flixo. Programmsystem zur Berechnung zweidimensionaler Wärmebrücken, Version 3.12. Zürich: Infomind GmbH

[34] Rahn, Axel C.: Sanierung von Wärmebrücken durch aktive und passive Beheizung. In: Ingenieur-Hochbau. Berichte aus Forschung und Praxis. Festschrift zum 60. Geburtstag von Prof. Dr. Erich Cziesielski. Düsseldorf: Werner Verlag 1998, S. 67-80

[35] Richter, Torsten; Winkelmann-Fouad, Steffi: Bauphysikalische Nachweisverfahren. Anwendung des U-Wertes als Kenngröße für Wärmetransportvorgänge. In: Erich Cziesielski (Hrsg.): Bauphysik-Kalender 2005. Berlin: Ernst & Sohn 2005, S. 249-295 (Bauphysik-Kalender; 5)

[36] Schuster, Norbert; Kolobrodov, Valentin G.: Infrarotthermographie. 2.,überarb. u.erw. Ausg. Weinheim: Wiley VCH 2004

[37] Universität Stuttgart, Fakultät Bauingenieur- und Vermessungswesen (Hrsg.); Sedlbauer, Klaus.: Vorhersage von Schimmelpilzbildung auf und in Bauteilen. Stuttgart: Selbstverlag 2001

[37] Testo AG (Hrsg.): Pocket-Guide Thermografie.Theorie - Praxis - Tipps & Tricks. Wien: Selbstverlag 2008

[38] Tingwaldt, D.P.; Kunz, H.: Optische Temperaturmessung. In: Zahlenwerk und Funktionen. 6. Aufl. Springer Verlag: Berlin [u.a.] 1967, S. 47-147

[39] Bundesverband für Angewandte Thermografie e.V. (Hrsg.): VATh-Richtlinie: Bauthermografie zur Planung, Durchführung und Dokumentation infrarotthermografischer Messungen an Bauwerken oder Bauteilen von Gebäuden. Fassung vom 2.Mai 2011. Tabarz: Selbstverlag 2011
Bundesverband für Angewandte Thermografie e.V. (Hrsg.): VATh-Richtlinie: Leckortung zur Planung, Durchführung und Dokumentation infrarotthermografischer Untersuchungen an wasserführenden Leitungssystemen. Fassung vom 02.05.2011. Tabarz: Selbstverlag 2011

[40] Technische Regel VDI/VDE 3511 Blatt 4: Technische Temperaturmessungen, Strahlungsthermometrie. Ausgabedatum: 2011-12

[41] Walther, A.; Maierhofer, C.; Röllig, M.; Vogdt, F.U.; Walsdorf-Maul, M.: Die aktive Thermografie - ein Beitrag zur Qualitätssicherung im Bauwesen. In: Deutsche Gesellschaft für Zerstörungsfreie Prüfung e.V. DGZfP (Hrsg.): Thermographie-Kolloquium 2009. Gemeinsame Fachtagung aller Thermographie-Arbeitsgruppen. Berlin: Selbstverlag 2009

[42] Arndt, Ralf; Hillemeier, Bernd; Maierhofer, Christiane; Rieck, Carsten; Rölling, Mathias; Scheel, Horst; Walther, Andrei: Zerstörungsfreie Ortung von Fehlstellen und Inhomogenitäten in Bauteilen mit der Impuls-Thermografie. Bautechnik 81(2004), Nr.10, S. 786-793

[43] Wiggenhauser, Herbert; Taffe, Alexander: Zerstörungsfreie Prüfung im Bauwesen. In: Erich Cziesielski (Hrsg.): Bauphysik-Kalender 2004. Berlin: Ernst & Sohn 2004, S. 306-418 (Bauphysik-Kalender; 4)

[44] WUFI Pro, 2D, Plus. Software zur Berechnung des gekoppelten Wärme- und Feuchtetransports in Bauteilen. Stuttgart: Fraunhofer-Institut für Bauphysik IBP

[45] WUFI-Bio. Programmsystem zur Beurteilung des Risikos von Schimmelpilzwachstum. Stuttgart: Fraunhofer-Institut für Bauphysik IBP

10.3 Stichwortverzeichnis

Energetische Sanierung von Fachwerkhäusern

Die richtige Anwendung der EnEV

Frank Eßmann, Jürgen Gänßmantel, Gerd Geburtig
2., überarb. u. erw. Aufl. 2012, 298 Seiten, zahlr. farb. Abb., Tab., Geb.
ISBN 978-3-8167-8085-4

Mit der Energieeinsparverordnung (EnEV) soll die Reduzierung des Ausstoßes von CO_2-Emissionen sowohl im Neubau- als auch im Sanierungsbereich weiter vorangebracht werden. Dabei werden auch Anforderungen an Fachwerkwände gestellt, die allerdings teilweise im Widerspruch zu einer bestandsverträglichen Instandsetzung stehen. Eine unbedachte Anwendung der EnEV an Fachwerkgebäuden kann zu schwerwiegenden Sanierungsfehlern führen. Der Leitfaden zeigt Möglichkeiten und Grenzen der Umsetzung dieser Verordnung. Dem Leser wird vermittelt, wie er eine individuelle Lösung für eine fachgerechte Fachwerkinstandsetzung finden kann.

Schäden beim energieeffizienten Bauen

45. Bausachverständigen-Tag im Rahmen der Frankfurter Bautage 2010 – Tagungsband

2011, 53 Seiten, zahlr., teilw. farb. Abb., Tab., Kart.
ISBN 978-3-8167-8368-8

Energieeffizient zu bauen, erfordert eine hohe fachliche Kompetenz bei allen Beteiligten. Der Tagungsband widmet sich den möglichen Schäden. Namhafte Bausachverständige und weitere Experten schreiben zu Themen wie Dichtheit der Gebäudehülle, mikrobielle Belastungen in Innenräumen und Außendämmung bei Bestandsbauten. Informationen zu Analysemethoden sowie Empfehlungen für mangelfreie Konstruktionen und Hinweise zur wirtschaftlichen Sanierung und Instandsetzung helfen, Schäden richtig zu beurteilen und eine Sanierungsplanung vorzunehmen. Tipps und Empfehlungen zur Bewertung der Nachhaltigkeit von Bauwerken sowie zur Mängelhaftung und Gewährleistung beim energieeffizienten Bauen runden den Band ab.